21世纪高等院校艺术设计系列实用规划教材

# 建筑·园林·室内设计
# 手绘效果图技法
## （第2版）

胡华中　编著

北京大学出版社
PEKING UNIVERSITY PRESS

## 内 容 简 介

本书内容共分4章：第1章介绍手绘效果图表现技法的基本概念、特点及在建筑、室内、园林景观和城市规划设计行业中的地位和价值；第2章介绍手绘工具和透视的训练方法；第3章介绍室内手绘效果图表现的技巧，结合大量手绘图片来讲解室内居住空间和商业室内空间的设计表现；第4章介绍建筑、园林景观手绘效果图的表现技巧，主要从建筑、园林景观设计等空间的设计表现来进行讲解，并配有大量优秀空间手绘效果图作品赏析。

本书涉及范围广泛，内容翔实，理论讲解细致、严谨，条理清晰，语言朴实，图文并茂，可作为应用型本科院校和高职高专院校建筑学、室内设计、园林景观和城市规划等专业的教材，还可作为行业爱好者的自学辅导用书。

**图书在版编目 (CIP) 数据**

建筑·园林·室内设计手绘效果图技法 / 胡华中编著 . —2 版 —北京：北京大学出版社，2016.2
(21 世纪高等院校艺术设计系列实用规划教材 )
ISBN 978-7-301-26749-3

Ⅰ .①建… Ⅱ .①胡… Ⅲ .①建筑画—绘画技法—高等学校—教材 Ⅳ .① TU204

中国版本图书馆 CIP 数据核字 (2016) 第 009733 号

| | |
|---|---|
| 书 名 | 建筑·园林·室内设计手绘效果图技法（第 2 版） |
| 著作责任者 | 胡华中 编著 |
| 策 划 编 辑 | 孙 明 |
| 责 任 编 辑 | 孙 明 |
| 封 面 原 创 | 成朝晖 |
| 标 准 书 号 | ISBN 978-7-301-26749-3 |
| 出 版 发 行 | 北京大学出版社 |
| 地 址 | 北京市海淀区成府路 205 号　100871 |
| 网 址 | http://www.pup.cn　　新浪微博：@ 北京大学出版社 |
| 电 子 信 箱 | pup_6@163.com |
| 电 话 | 邮购部 62752015　　发行部 62750672　　编辑部 62750667 |
| 印 刷 者 | 三河市博文印刷有限公司 |
| 经 销 者 | 新华书店 |
| | 889mm × 1194mm　16 开本　9.75 印张　289 千字 |
| | 2012 年 1 月第 1 版　2016 年 2 月第 2 版　2023 年 7 月第 8 次印刷 |
| 定 价 | 49.00 元 |

# 序

设计方案是从一个抽象的理念到具体创意的表达过程，在这个过程中很多设计师选择用手绘草图的形式来表达设计初衷。由于手绘草图能迅速捕捉设计师的灵感和创意，并能在短时间内经反复推敲而逐步完善设计方案，所以设计师常把手绘作为设计构思的重要表现手段，以便快速记录瞬间的设计灵感和创意。因此，高等院校建筑学、园林景观、室内设计等专业把手绘教学作为设计基础教学的重要课程。

本书由胡华中编写。胡老师多年以来孜孜不倦地投入到设计手绘教学与研究中。这本书内容充实，见解独到。他已出版了多部有关手绘教学的教材，是我校设计学专业年轻有为的青年教师。许多爱好设计手绘的校内外的本科生及研究生都拜他为师，这些学生在设计手绘能力和水平上都提高得很快，并将所学应用到实际的学习工作中，顺利考上了研究生或毕业后找到了心仪的工作。实践证明，胡老师的手绘教学方法是行之有效的，学生通过科学的方法去学习、训练，必将起到事半功倍的效果。

本书在怎样进行基础训练，如何快速掌握视觉透视方法和马克笔技法，如何渲染营造画面氛围，如何完成较为满意的设计效果图等方面都有详尽的讲解。本书中附有大量精美的手绘范例，大部分作品是胡老师本人这几年设计和教学的积累，还有一部分范例来自行业内朋友的设计手稿，具有很强的实用性。相信本书的出版对设计基础教学及学生的设计应用会起到积极的指导作用，对从事设计方向的设计师有一定的借鉴和参考作用。

是为序。

教授、硕士生导师

广西师范大学设计学院院长

2015年12月

# 前　言

　　设计手绘表现是设计专业一门重要的专业技能课，好的设计思想需要与之相适应的传达方式，以便更好地体现设计的价值。手绘作为设计的一种重要表达手段，在当代设计领域充当着重要的角色。党的二十大报告指出，坚守中华文化立场，提练展示中华文明的精神标识和文化精髓，加快构建中国话语和中国叙事体系，讲好中国故事、传播好中国声音，展示可信、可爱、可敬的中国形象。手绘设计通常是设计者设计思想初衷的体现，俗话说："心手相印，手脑结合。"手绘能及时捕捉设计者内心瞬间的思想火花，并且能和设计者的创意同步。在设计创作的探索和实践过程中，手绘可以生动地、形象地记录下设计者的创作激情，并把激情注入作品之中。另外，在练习手绘的过程中，可以提高设计者的空间感受能力和设计能力，还可以作为其收集设计素材的途径。

　　本书在编写的过程中把握专业方向、突出重点、语言朴实、通俗易懂、深入浅出、训练方法科学有效，学生如能坚持按照本书的训练方法，并把书中的手绘作品多临摹几遍，在短时间内就可以取得明显的进步。本书展示了编者多年的设计手绘作品，通过对这些作品的剖析，学生可在练习手绘的同时学习到很多设计知识和设计技巧。

　　本书在编写过程中得到了广西师范大学职业技术师范学院和设计学院领导的大力支持，文健、闫杰老师为本书提供了许多优秀作品，在此一并表示感谢！

　　由于编者水平有限，加之编写时间仓促，书中不足之处在所难免，恳请广大读者批评和指正。

胡华中

2016年1月

# 目　录

第4章　建筑、园林景观设计手绘效果图表现 ／ 80

# 第1章　手绘效果图表现技法概述

**训练要求和目标**

要求：懂得分析设计手绘效果图的优缺点，识别优秀手绘效果图的本质特征，了解手绘效果图与实际设计的联系。

目标：学生从优秀的作品中找到兴趣，同时深刻认识到该课程对将来从事设计工作的重要性。

**本章要点**

手绘效果图的概念和意义。

设计手绘效果图的分类。

设计手绘效果图的本质。

设计手绘效果图在建筑、室内、园林景观设计中的作用。

手绘效果图作为一种表现设计思想的视图语言，设计师用它来实现设计创意意图并作为与他人沟通的工具。图形语言是设计图纸的一大特点，要把握这种图形的表达能力需要设计师有一定的美术造型基础和艺术审美修养。

# 一、手绘效果图的概念和意义

手绘效果图是通过绘画的手段，形象且直观地表达设计意图的图纸，它具有很强的艺术感染力。手绘设计师需要具备良好的美术造型基础和艺术审美修养，才能将设计构思准确地表达出来。手绘效果图表现技法是为提高设计师手绘效果图表现能力而制定的科学有效的训练方法，通过对空间构图、空间透视、造型、线条和色彩等方面的训练，使设计师掌握手绘效果图的表现方法和技巧，以便绘制出准确、美观的手绘图纸。

在计算机技术日益精进、普及并快速渗透到各学科研究领域的今天，电脑效果图同样也给设计人员带来了便利。但是，手绘效果图和电脑效果图各有其优点，两者都是不可替代的。电脑效果图制作时间长、效果生硬，不过修改方便、写实性强。而手绘效果图的优势在于以下几点：首先，手绘效果图在方案设计阶段，设计师可以便捷地捕捉瞬间的设计灵感，寥寥几笔将设计创意简单明了地表现出来，为下一步深入方案设计做好铺垫；其次，通过手绘的形式可以收集更多的创作素材，通过描绘，设计师对设计元素的记忆会更深刻，随手就可以勾勒出来，为以后的设计创作做好准备。手绘效果图在园林景观设计中的意义更为凸显，景观手绘效果图比电脑效果图更生态、艺术美感更强，如图1.1～图1.2所示。

设计师的手绘表达能力直接影响设计水平的高低，大部分景观设计公司和室内设计公司录用人才时将手绘作为重要考查的一项，大多数高校将手绘列为硕士研究生入学考试必考科目。因此，从事建筑、园林景观、室内设计的设计师学好手绘表达有着重要意义。

电脑表现设计效果图对设计创意的灵活性有一定的局限性，不能快速地表达设计意图，缺少概念方案的不定性之美。电脑效果生硬，不过修改方便，且复制方便，写实性强。

图1.1　建筑设计电脑效果图

图1.2 建筑设计手绘效果图（胡华中 作）

## 二、设计手绘效果图的分类

设计手绘效果图按表现方式可分为两类：第一类是概念设计草图。概念方案设计阶段主要通过手绘草图来表现，这一阶段是设计师在找灵感的时候，反复修改草图，最终找出最满意的概念设计草图，这类图纸通常只有设计师自己才能看懂。第二类是精细效果图。精细效果图是用来和他人沟通用的，在景观设计的方案阶段完成，并作为汇报资料。概念设计草图和精细效果图如图1.3～图1.6所示。

图1.3 建筑设计草图（胡华中 作）

设计草图的优点：概念设计草图可以迅速地捕捉设计师的设计灵感，很多成功的设计项目的雏形都源于概念草图；缺点：这些草图只是停留在模糊的概念中，设计师用概念草图与业主沟通还具有一定的局限性。

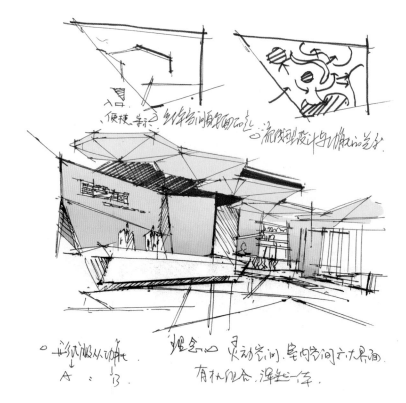

图 1.4　建筑设计草图 (胡华中 作)

设计草图可以随心所欲地表现，能很快速且自由地表达设计师瞬间的设计灵感。

图1.5　小区精细效果图 (胡华中 闫杰 作)

　　精细效果图的优点：精细效果图能让业主直观地看到设计师的设计意图，方便彼此沟通；缺点：精细效果图比设计草图需要更多的表现时间，它是设计草图的延续和深化。

图1.6　酒店大堂精细效果图（陆守国 作）

　　从精细效果图中可以很直观地看到空间的结构、材质和色彩。有很多精细效果图都可以直接用来作为设计施工参考，特别是在园林景观设计中。

## 三、设计手绘效果图的本质

　　建筑、园林景观、室内设计师不同于风景画家和插图画家，在设计手绘效果图中，建筑形体以及景观设施一直都处于最重要的地位，而配景和人物只是为了表达场景的特征。风格比例、材料色彩、布局方式是手绘效果图画面应该交代的内容，而不应该因为环境因素的表现削弱了设计的主体，从这一角度而言，建筑、园林景观、室内效果图首要是作为表达设计的语言，而不仅仅是一幅手绘艺术作品。

## 四、设计手绘效果图在设计中的作用

　　日本建筑大师安藤忠雄说，他一直相信用手来绘制设计草图是有意义的。手绘设计草图是建筑师造就一座还未建成的建筑，与自我还有他人交流的一种方式，建筑师不知疲倦地将想法变成草图，然后又从图中得到启示，并通过一遍遍的修改不断重复这个过程，建筑师推敲着自己的构思，他的内心斗争和"手的痕迹"赋予手绘草图以生命力。手绘效果图技法是从事各种设计专业，如建筑设计、园林景观设计、城市规划、室内设计等专业需要学习的一门重要的专业必修课程，前期必须有素描、色彩、钢笔画、透视这些基础课程。在今天日益发达的电脑效果图面前，手绘能够更直接地同设计师沟通。它是衡量设计师综合素质的重要指标，同时对大学生就业和设计能力的提高都具有很大的影响。

# 本章小结

本章详尽地介绍了手绘效果图的概念和意义、设计手绘效果图的分类、设计手绘效果图的本质，以及设计手绘效果图在建筑、园林景观、室内设计中的作用等基本理论知识，从而帮助学生梳理和快速理解手绘效果图在设计中的应用。

# 习 题

通过手绘效果图的意义、分类和本质来梳理和理解手绘效果图在所学专业中的应用与作用。

# 第2章 基础知识

**训练要求和目标**

要求：学生应该认识常用的手绘工具。并不断地进行各种绘画实验，从本质上把握手绘工具和材料的特性。

目标：把握手绘工具和材料的用法，画线准确，并能用线和色彩表现各种质感的物体。

**本章要点**

工具介绍。

透视技巧。

构图和视点。

素描基础、色彩基础。

要画出一张精美的效果图，需要手绘师娴熟地运用各种手绘工具并懂得透视基础知识。构成效果图的基本元素是点、线、面，线是最基础的，线的准确表达决定了效果图的优劣。色彩表达作为画面的点睛过程，有好的色彩设计还不够，还需要有好的表现形式，如通过什么样的笔触和色彩搭配等。

# 第一节　工具

俗话说"巧妇难为无米之炊"，好的工具是画好手绘效果图的前提，所以如何选择工具是学习手绘效果图的第一步。手绘效果图表现的工具主要有以下几类。

## 一、笔

（1）绘制工具用笔，包括铅笔、水芯笔、针管笔、钢笔、美工笔等。常用勾线笔是 0.2～0.4 的水芯笔、针管笔，因为设计手绘突出结构清晰，所以一般是白纸黑线，且线条均匀，不能太粗或太细。针管笔有金属针管笔和一次性针管笔，一般用一次性针管笔，常用 0.1、0.3、0.5、0.7 的。一次性针管笔绘制的线条流畅细腻，效果图细致耐看。在手绘效果图中，由于钢笔出水顺畅、线条优美，所以常用作勾线笔。

（2）上色用笔，包括水溶性彩色铅笔、马克笔、水彩颜料，如图 2.1 所示。

图2.1　彩色铅笔和马克笔

彩色铅笔有水性和蜡性两种，常用水溶性彩色铅笔，笔触细腻，容易着色，结合水可以制作成水彩效果。上色时通常是马克笔结合彩色铅笔来绘制，马克笔绘制的效果图块面感强，特别醒目和概括，彩色铅笔经常用来刻画物体细节和明暗过渡。

马克笔笔头宽大，特别是美国 AD 马克笔。相比之下，韩国 TUCH 笔头稍窄些，笔触明显，色彩退晕效果自然，可以表现大气、粗犷的设计草图，也可表现逼真的效果。马克笔有油性、酒精性、水性之分，油性马克笔用甲苯、二甲苯作为其溶剂，有刺鼻的气味，对人体有微毒，价格也比较贵。但这种马克笔是三种笔中性能最稳定、最透明、作画效果最佳的。酒精性马克笔的特点是色彩柔和笔触优雅自然，加之淡化笔的处理，效果很到位；缺点是难以驾驭，需有扎实的绘画基本功。水性马克笔虽然比油性马克笔的色彩饱和度要差，但不同颜色叠加的效果非常好，在墨线稿上反复平铺，墨水泛上来与水性马克笔的颜色相混合，形成很漂亮的中间灰色。马克笔快速表现技法是一种既清洁且快速有效的表现手段。说它清洁，是因为它在使用时候快干，颜色纯和不腻。力度和潇洒是马克笔效果图的魅力所在，所以使用马克笔时需要设计师有很强的自信心，才能表现出准确的笔触。马克笔和彩色铅笔练习如图 2.2～图 2.4 所示。

图2.2　马克笔和彩色铅笔结合材质练习

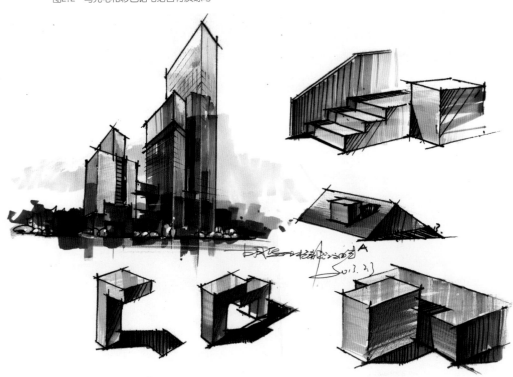

图2.3　马克笔和彩色铅笔结合几何形体练习

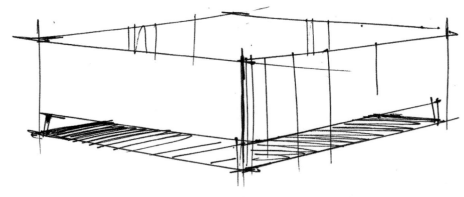

(a) 上色之前的线稿

(b) 用马克笔画固有色

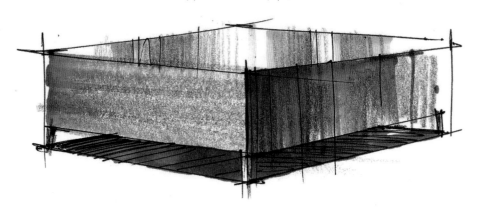

(c) 用彩色铅笔添加过渡色调

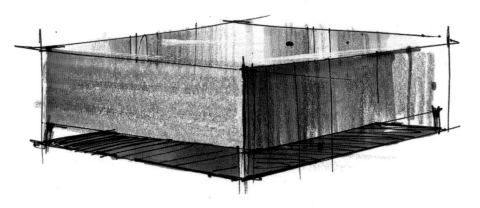

(d) 提高光，强调对比，添加环境色

图2.4 马克笔和彩色铅笔结合几何形体练习

## 二、纸

常用纸包括较厚的铜版纸、复印纸、硫酸纸、水彩纸等。画透视图经常选择 $70g/m^2$ 以上的 A3 复印纸，要求纸质白皙、紧密、吸水性好，但是不能承担多次运笔。绘图纸比起复印纸渗透性更大，可多次运笔，纸张不容易损伤。水彩纸渗透更厉害，纸张渗透越大，吸色就越厉害，色彩饱和度就越高。画景观平面图经常采用 A1 或 A2 等硫酸纸，硫酸纸具有纸质纯净、强度高、透明好、不变形、耐晒、耐高温、抗老化等特点。

# 第二节　线的画法

线是构成设计手绘效果图的基本元素，线条分为直线、曲线、折线、波浪线等。徒手表现强调线条的美感，要将线画的有生命力、有气势、有韵味，要做到这几点并非易事，需要大量的练习。初学者先从水平线和直线组团开始练习，要求每根线长短基本一样，平行且间距一样，以便达到画线的长短和方向的准确性。练习好水平线和垂直线之后练习斜线和曲线，还有椭圆和正圆。单独练线会很枯燥，可以结合几何形体透视练习。画线要有起笔、运笔、收笔。画的时候注意节奏的控制，有快慢、粗细、长短、刚柔等之分。画水平线要控制线的方向和收笔的准确。曲线的练习要注意流畅、优美；斜线要注意张力的把握，倾斜方向要准确。曲线和直线结合画常用来表现有弹性的材质。如图 2.5 所示。

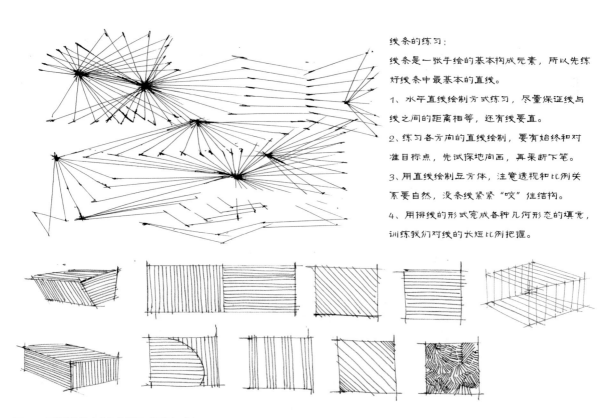

线条的练习：

线条是一张手绘的基本构成元素，所以先练好线条中最基本的直线。

1、水平直线绘制方式练习，尽量保证线与线之间的距离相等，还有线要直。

2、练习各方向的直线绘制，要有始终和对准目标点，先试探地向画，再果断下笔。

3、用直线绘制立方体，注意透视和比例关系要自然，没条线紧紧"咬"住结构。

4、用排线的形式完成各种几何形态的填充，训练我们对线的长短比例把握。

图2.5　各种线条结合实体的练习（胡华中 作）

# 第三节　透视快速画法

透视是手绘效果图一项重要的基础，如果一张效果图透视不准，空间中的物体就会失真，会影响对设计构思的准确传达。表现建筑、园林景观、室内手绘效果图常用的透视有平行透视和成角透视等。

## 一、平行透视的画法

平行透视也叫一点透视，当立方体水平放置时，有一对平面与画面平行，画面垂直、与地面平行，所有透视线都消失到心点，人们将这种透视叫做平行透视。平行透视的构图特征是安定、平稳。平行透视的画法如图 2.6～图 2.9 所示。

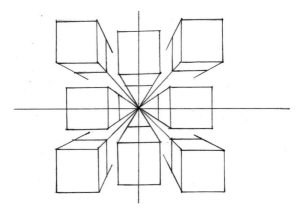

图 2.6　平行透视形成原理

**步骤：**

(1) 确定视平线 HL，定出消失点和测线，在侧线上画出等距刻度点，将远处墙体的 4 个交点连接到消失点并延长。

(2) 从测点 2 连接各个刻度点并延长，会和空间的左下透视线相交，从各个交点向右画水平线，画出地面砖。

(3) 在地面砖上画出空间中家具的投影面。

(4) 依据各个投影向上画垂直线，画出各个单体。

(5) 画空间中的细节。

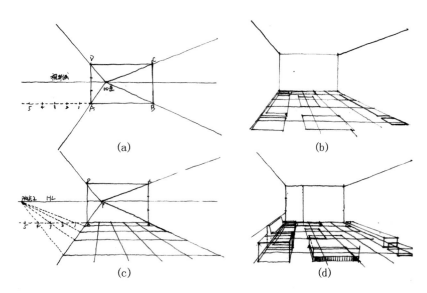

图2.7　客厅透视形成过程 1

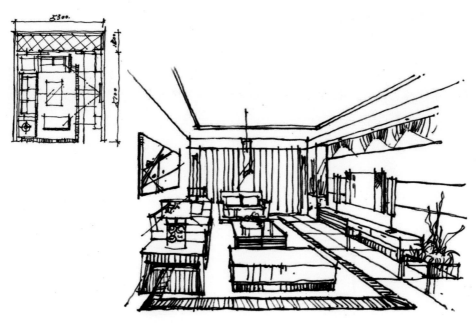

图2.8 客厅透视形成过程 2

图2.9 客厅透视形成过程 3

## 二、成角透视的画法

当立方体水平放置时，无任何一对边与画面平行，而是与画面成一定角度，人们将这种透视叫做成角透视。成角透视的构图特征是活跃、强烈的动感，更符合日常的视觉习惯和视觉科学。成角透视的透视方向都是与地面平行的变线，各自与画面成（直角外的）一定的角度，一边向左前方远伸，一边向右前方远伸，它们的方向分别往地平线的左余点和右余点集中。成角透视的画法如图2.10～图2.17所示。

**步骤：**

（1）定视点高度，作水平线，得出视平线。以点 A 和点 B 为起点向左右作透视线，会和视平线相交，左右相交的点就是成角透视的消失点。

（2）以右边消失点为圆心，以右消失点到视点的距离为半径向左作圆，相交视平线的点就是测点 1。以同样的方法求测点 2。

（3）画测线，定出刻度点。连接测点 1 和测点 2，求出地面砖的透视深度点。

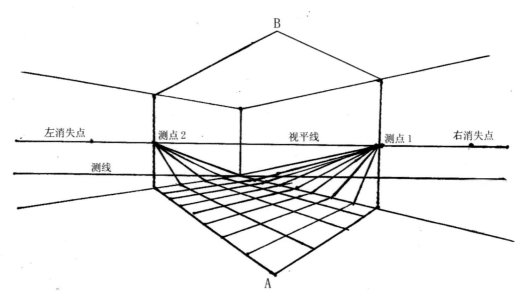

图2.10　成角透视形成原理

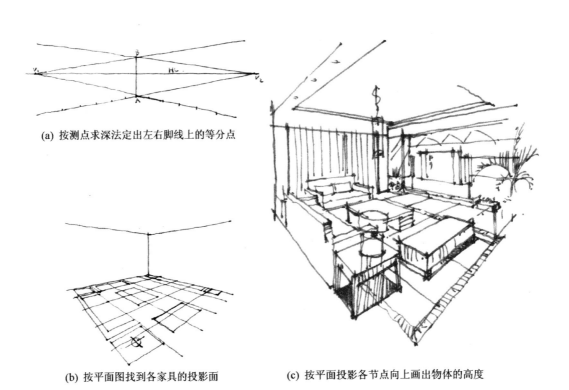

(a) 按测点求深法定出左右脚线上的等分点

(b) 按平面图找到各家具的投影面　　(c) 按平面投影各节点向上画出物体的高度

图2.11　客厅成角透视形成过程 1

图2.12 客厅成角透视形成过程 2

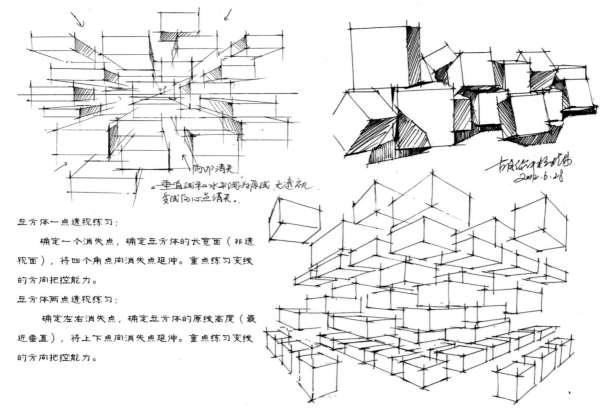

立方体一点透视练习：

　　确定一个消失点，确定立方体的长宽面（非透视面），将四个角点向消失点延伸。重点练习变线的方向把控能力。

立方体两点透视练习：

　　确定左右消失点，确定立方体的原线高度（最近垂直），将上下点向消失点延伸。重点练习变线的方向把控能力。

图2.13 几何形体组合成角透视练习 1

图2.14　几何形体组合成角透视练习 2

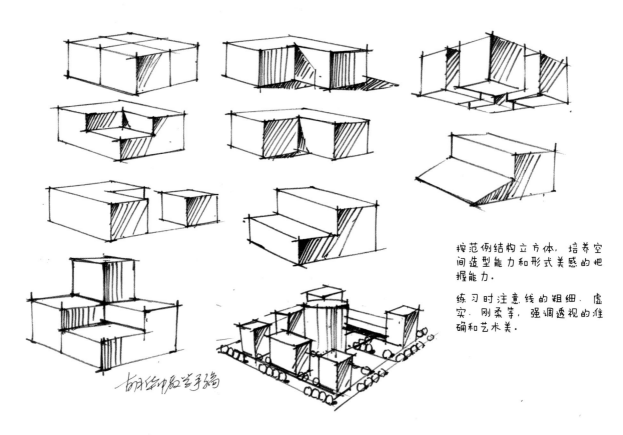

按范例结构立方体，培养空间造型能力和形式美感的把握能力。

练习时注意线的粗细、虚实、刚柔等，强调透视的准确和艺术美。

图2.15　几何形体组合成角透视练习 3

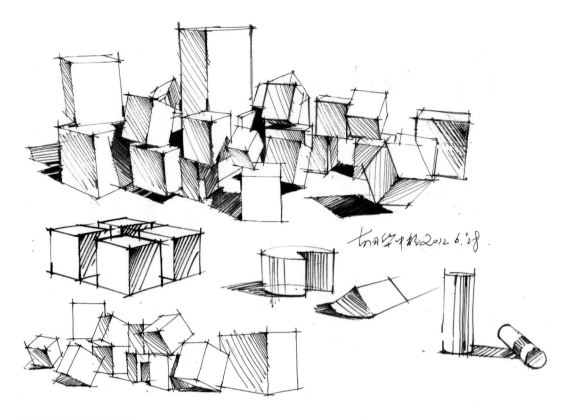

图2.16 几何形体组合成角透视练习 4

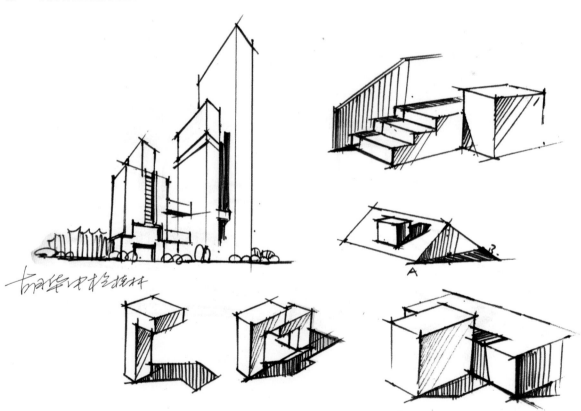

图2.17 几何形体组合成角透视练习 5

# 第四节　视点与视平线的选择

视点和视平线的选择决定了理想的构图，在表现图中，好的构图是实现设计内容的关键。因此，一幅好的设计手绘效果图，合理地确定视点和视平线非常重要。在表现建筑和景观空间的过程中，对视点和视平线的选择要注意以下几点：

(1) 表现整体空间时，将主题放在画面的中间。

(2) 视平线的位置。对较低的空间，可以适当进行夸张处理，如将视平线压低些，使空间感觉更高些。如果要想表现广场或大型建筑景观空间的设计内容，需要选择较高的视平线，并采取俯视角度表现，如图 2.18 所示。

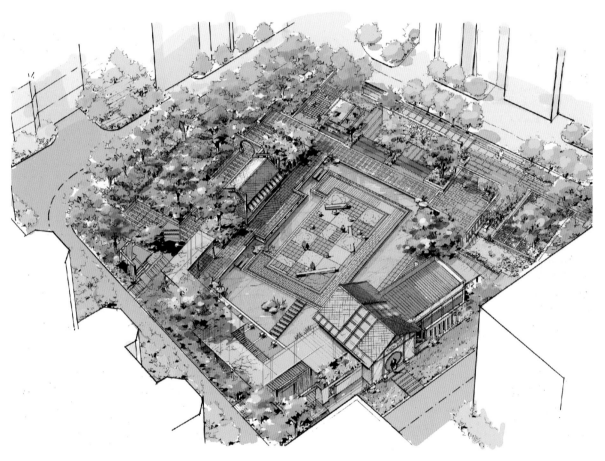

图2.18　各种线条结合实体的练习（胡华中 闫杰 作）

(3) 视点位置。当设计图上下左右都需要重点表达时，有必要将视点放在画面偏中位置。如表现建筑时，视点尽可能远离建筑，两消失点距离就会远些，这样建筑的透视面变形程度就小，建筑的立面设计构思就能更好地表现出来，如图 2.19 所示。

在图 2.19 中，图 2.19(a) 中消失点太近建筑变形严重；图 2.19(b) 透视平缓，能很直观地看到两个面的内容，适合表现建筑设计效果图，可以方便地看到设计意图。

(4) 尽可能选择能丰富地表现空间层次的角度，如图 2.20 所示。

(5) 如无特殊要求，尽可能将视平线压低些，一般高度为 1.6 米比较合适，如图 2.21 所示。

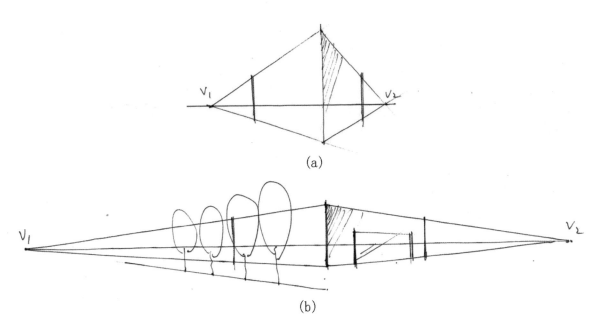

(a)

(b)

图2.19 消失点位置对比

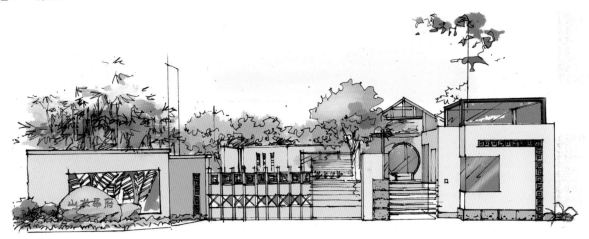

图2.20 空间层次丰富（胡华中 作）

图2.21 视平线压低（胡华中 作）

# 第五节　素描基础

素描是一切造型艺术的基础，对提高手绘效果图能力有直接作用。素描的表现方法大体可以分两大类：一类是以线描为主，准确地表现出物体的内部结构和透视变化，这种方法叫做结构素描；另一类是根据物体在光源照射下出现的明暗变化，以块面为主，注重表现形体的立体感、空间感和质感，这种方法叫做明暗素描。

## 一、素描构图原则

（1）完整。要求画面饱满、形体准确、主题突出。构图过大或过小、过于集中或过于松散都不能给人以美感，失去了构图的美感。

（2）变化统一。这是构图的重要方法。构图的美学原则主要是既要有对比和变化，又要能和谐统一，避免呆板、平均、完全对称及无对比关系的画面，因为这将令人感到非常乏味和沉闷。画面如果有聚散疏密和主次对比，有内在的接合及非等量的面积和形状的左右平衡，就会产生生动、多变、和谐统一的画面效果。灵活使用这一规则，会使构图千变万化，并展现其特有的魅力。构图技巧如图2.22所示。

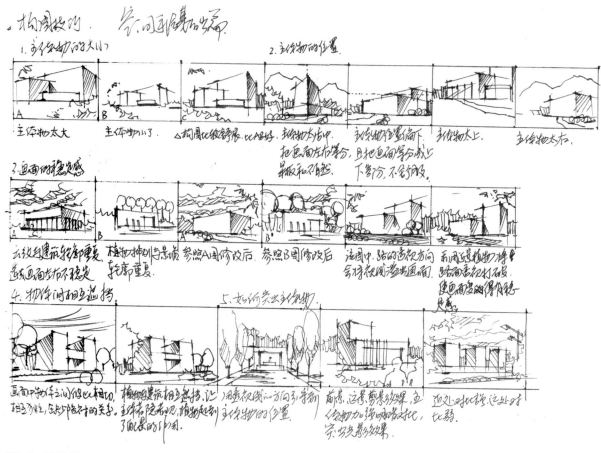

图2.22　构图技巧

## 二、素描五调子

　　素描五调子分别是指：亮面——直接受光部分；灰面——中间面，半明半暗；明暗交界线——亮部与暗部转折交界的地方；暗面——背光部分；反光——单间面受周围反光的影响而产生的暗中透亮部分，如图 2.23 所示。

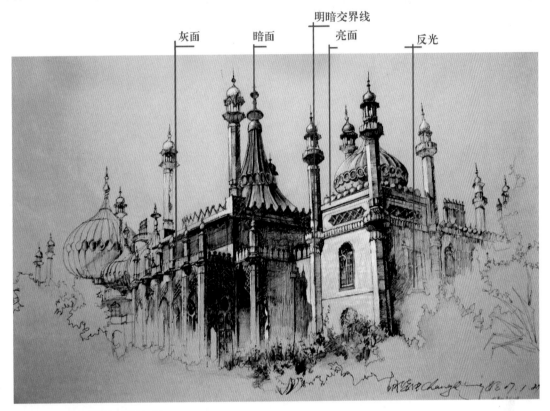

图2.23　建筑素描五调子（胡华中 作）

<h1 style="text-align:center">第六节　色彩基础</h1>

## 一、色彩基础知识

　　(1) 色彩三属性，包括色相、明度、纯度。

　　色相：色彩的相貌。例如，红、黄、蓝等颜色。

　　明度：色彩的明暗程度。例如，淡黄、中黄、土黄、深黄等颜色的明暗程度。

　　纯度：色彩的饱和程度，又称饱和度。

　　(2) 色彩的混合，一般绘画学习讲的是颜料的混合。要想调配出丰富的色彩，就必须掌握色彩混合的规律与特点。

　　原色：任何颜料都无法调配和组合出来的色，又称一次色。例如，大红、柠檬黄。

　　间色：用三原色中任何两种颜色相混合而成的颜色。例如，红与黄、黄与蓝、蓝与红等混合而成的橙、绿、紫就是间色。

复色：任何两个间色或三个原色相混合而成的颜色就是复色。例如，红、黄与蓝的混合所形成的黑浊色就是复色。

（3）色彩的冷暖。有些色彩会形成暖的感觉，例如，红色、橙色、黄色等就会让人联想到火、太阳的炙热和温暖，也就会在心里产生暖的感觉，因此人们将红色、橙色、黄色称为暖色。而见到蓝色、绿色、紫色等则会联想到蔚蓝的大海、树荫的凉爽，就会在心里产生冰凉和寒冷的感觉，因此人们将蓝色、绿色、紫色称为冷色。

# 二、色彩对比与调和

（1）邻近色相对比。色相环（图2.24）上相邻的2～3色对比，色相距离大约30°，为弱对比类型，如红橙与黄橙色对比等。效果感觉柔和、和谐、雅致、文静，但也感觉单调、模糊、乏味、无力。

图2.24　十二色环

（2）类似色相对比。色相对比距离约60°，为较弱对比类型，如红与黄橙色对比等。效果较丰富、活泼，但又不失统一、雅致、和谐的感觉。

（3）中度色相对比。色相对比距离约90°，为中对比类型，如黄与绿色对比等。效果明快、活泼、饱满、使人兴奋，感觉有兴趣，对比既有相当力度，但又不失调和之感。

# 本章小结

本章详尽地介绍了手绘效果图的工具与材料、透视规律、画面的构图与取景、表现内容与形式等基本理论知识，图例与文字说明紧密呼应，易于掌握，为接下来学习各种手绘效果图表现技法打下良好的基础。

# 习　　题

1．选择不同视点、视角、分别画20组立方体平行透视图和成角透视图。

2．用钢笔或水芯笔表现不同视点、不同角度室内或建筑的平行透视图和成角透视图各10张。

# 第3章 室内设计手绘效果图表现

**训练要求和目标**

要求：把握室内平行透视和成角透视的表现规律，能结合前面所学设计基础，做大量的室内空间手绘练习。

目标：能辨别室内设计手绘效果图的优点、缺点，并引以为训练目标、不断提高室内手绘效果图的表现能力，同时能结合专业所需，提高室内设计创新能力。

**本章要点**

单体画法和着色训练。

室内设计平面图和立面图表现。

居住空间设计手绘表现。

商业空间设计手绘表现。

# 第一节 单体画法和着色训练

室内设计手绘效果图作为一种表现设计思想的视图语言，设计师用它来实现设计创意意图并作为与他人沟通的工具。学习室内手绘效果图应该从基础入手，由易到难、循序渐进。练好单体是画好室内效果图的基础，所以先应练习家具单体，然后练习家具组合，再到空间练习，线描与色彩训练相结合，达到行之有效的训练效果。

## 一、单体线描画法

画好单体是画好室内空间的基础，任何复杂空间都是由多个单体组成的，室内空间中的常见单体有沙发、床、桌子、椅子、花瓶等。单体具有不同的造型和不同的质感，在绘制时要仔细观察，并对形体进行分析和理解，掌握形体的结构关系，抓住形体的主要特征，掌握整体的观察方法，从整体中把握每根线条的长短和透视方向，准确而形象地将形体表现出来。练习单体线描的时候，尽量徒手去画，要着重训练眼与手的协调配合能力，提高视觉透视的能力，锻炼敏锐的观察力和熟练的手绘技巧。在掌握单体手绘方法的前提下，还需要将每个单体反复画几遍，甚至几十遍，不断地在实践经验中找到空间透视的规律。

进行单体线描时，注意物体的基本形态，从整体出发把握物体的透视关系。将家具概括成几何形体是一种比较的好方法，如图3.1～图3.3所示。

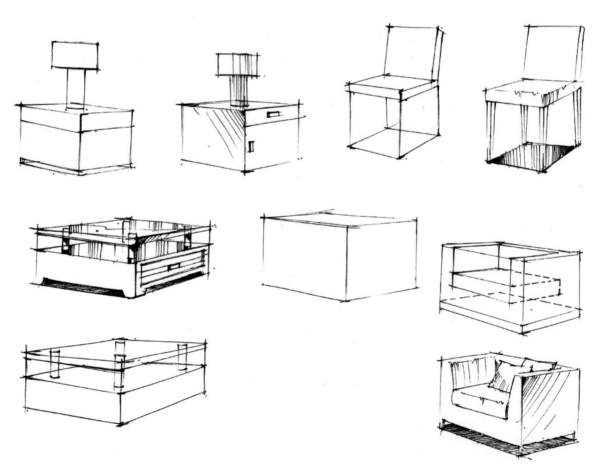

图3.1 单体概括几何形体 1

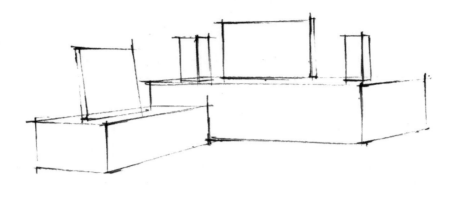

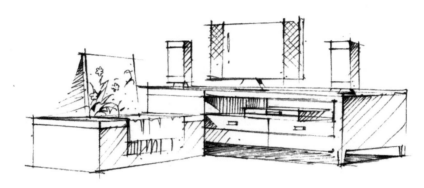

图3.2　单体概括几何形体 2

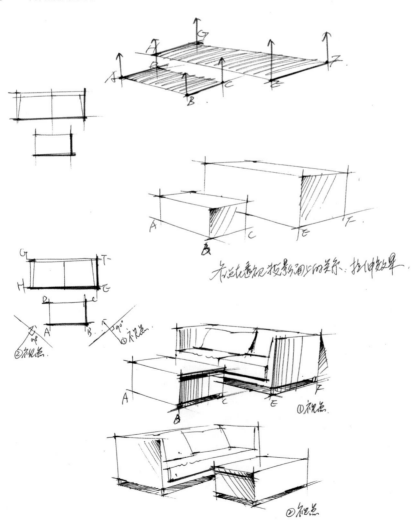

图3.3　单体概括几何形体 3

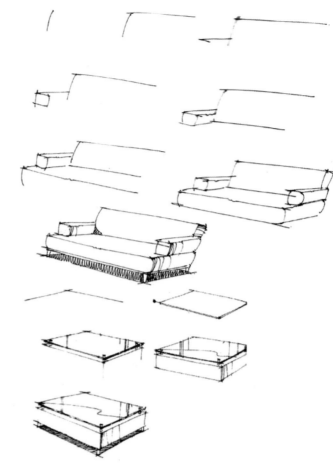

为了便于观察和把握物体的
整体形，画的时候可以从左到右，
从上到下，先画前面的线或物体，
后画被遮住的线或物体，这是把
握空间关系的好方法。单体绘制
步骤如图 3.4 所示。

图3.4　单体绘制步骤

图3.5　单体家具表现 1（胡华中　作）

如图 3.5 所示，此组单体家具运用线的曲直来表现椅子的质感。表现方法：从左往右画，从上往下画，
线描结合影调法，背光面排线需方向一致，避免"铁丝网"现象。

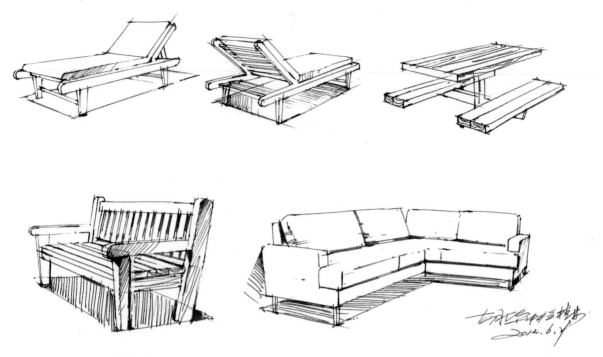

图3.6 单体家具表现 2（胡华中 作）

如图 3.6 所示，此组单体家具线条细腻、造型准确、透视变化微妙、形体自然，线条的长短和曲直变化很好地突出了材质的感觉。

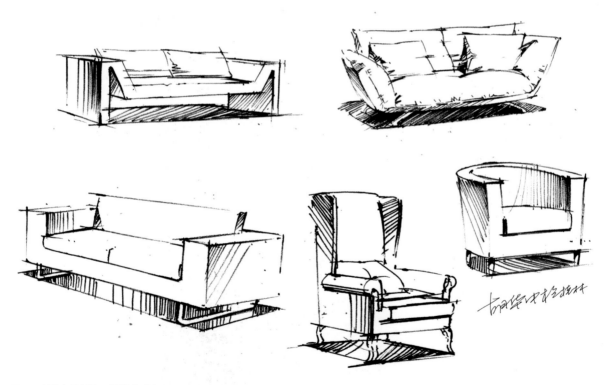

图3.7 单体家具表现 3（胡华中 作）

练习单体组合是为了画好室内空间手绘效果图打基础，画的时候注意单体之间的空间关系，可以参考物体的投影面来控制单体之间的长、宽、高，如图 3.7 所示。

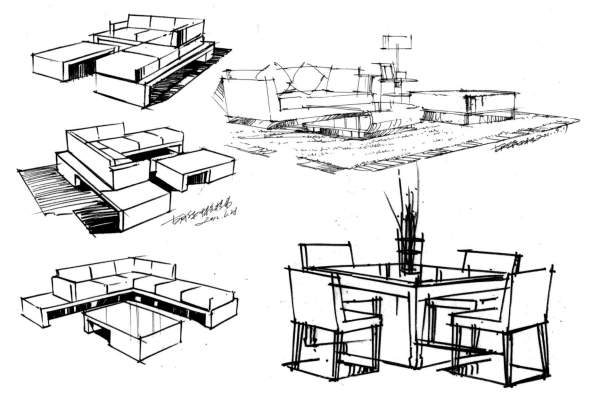

图3.8　单体家具表现 4 (胡华中 作)

　　如图 3.8 所示，此组单体家具造型严谨，物体比例准确，透视关系把握到位，通过线条的疏密组合将物体的空间层次表现得丰富多彩。

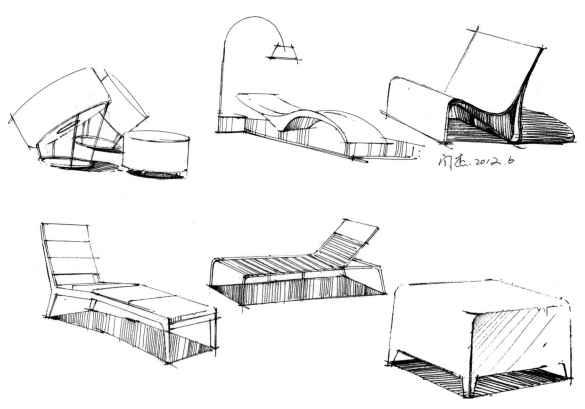

图3.9　单体家具表现 5 (闫杰 作)

　　如图 3.9 所示，此组单体家具用线果断，有放有收，流畅的曲线一气呵成，动感十足。此外，作品中快线传达出了一种速度和奔放的美感。

## 二、手绘单体着色

　　手绘单体着色主要是使用马克笔和彩色铅笔，马克笔的笔头宽大，粗头刻画大面积的色块，粗头和画面的倾斜度不一样，画出的笔触就不一样，质感也有很大差异，较细的一头可以刻画细节。马克笔通过线、面结合的方法可以画出生动多变的色块效果，马克笔颜色越深，画出的笔触就越明显，所以经常采用相适应的彩色铅笔来过渡，以达到柔和、虚实变化、透气的效果。

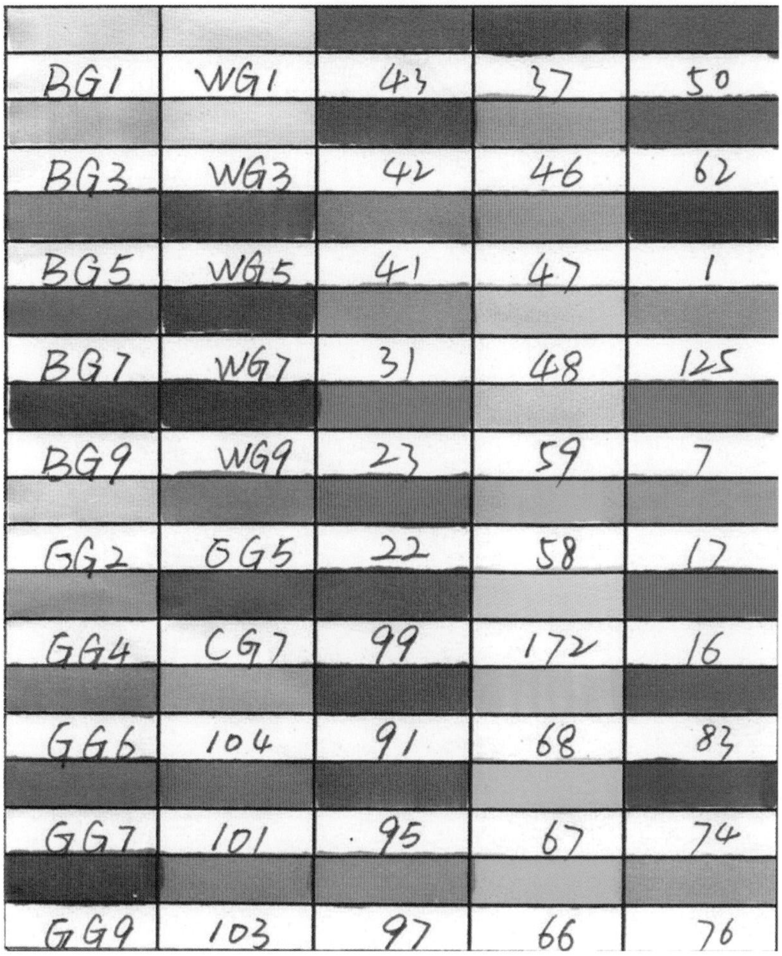

| | | | | |
|---|---|---|---|---|
| BG1 | WG1 | 43 | 37 | 50 |
| BG3 | WG3 | 42 | 46 | 62 |
| BG5 | WG5 | 41 | 47 | 1 |
| BG7 | WG7 | 31 | 48 | 125 |
| BG9 | WG9 | 23 | 59 | 7 |
| GG2 | GG5 | 22 | 58 | 17 |
| GG4 | CG7 | 99 | 172 | 16 |
| GG6 | 104 | 91 | 68 | 83 |
| GG7 | 101 | 95 | 67 | 74 |
| GG9 | 103 | 97 | 66 | 76 |

图3.10　室内设计常用马克笔型号（韩国TOUCH）

　　目前市场上较为畅销的马克笔牌子有韩国TOUCH、美国三福、美国AD、中国FINECOLOR等。室内设计上色常用马克笔色谱如图3.10所示。

　　彩色铅笔笔头可以削得很细，与纸面的倾斜角度不一样，线的粗细就不一样，用力轻，画出的线就有弹性；用力重，画出的效果就很刚硬。彩色铅笔上色比起马克笔上色容易把握，也方便修改。彩色铅笔色彩丰富，过渡自然，适合处理较细的画面效果。彩色铅笔主要通过分组排线，运用线条粗细、穿插、长短、轻重、刚柔等来表达画面色彩效果。目前市场上较为畅销的彩色铅笔品牌有意大利"马可"牌、中国"中华"牌和德国"辉柏嘉"牌等。手绘效果图表现中常用德国"辉柏嘉"水溶性彩色铅笔，其优点是铅软，容易着色，还可以结合水融模仿水彩的效果。马克笔和彩色铅笔手绘单体上色步骤如图 3.11 ～图 3.17 所示。

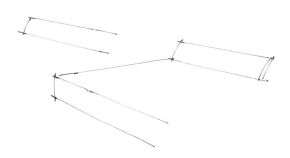

图3.11　画线时从左往右画，比较好把握线的方向

图3.13　先画出基本形，再画细节

图3.12　画线时从上往下画，比较好把握线的长短比例

图3.14　刻画细节，如床的腿和床头柜的腿

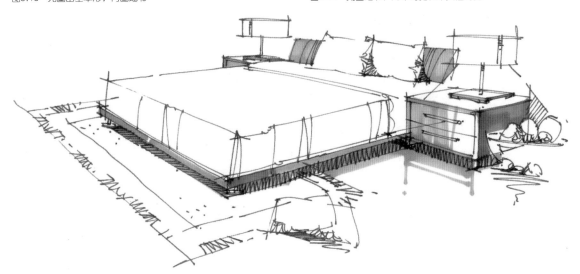

图3.15　马克笔上色从整体出发、局部入手，先画素描关系

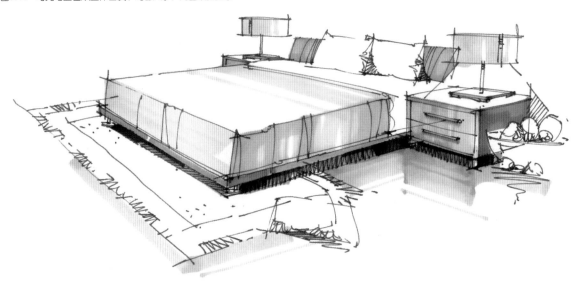

图3.16　用笔触的疏密排列来过渡，强调明暗交界线

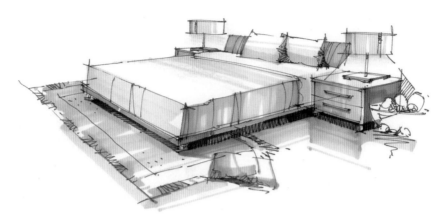

图3.17 深入调整，加强素描关系和色彩对比

　　此单体组合从线稿到上色，画的时候要耐心比较再下笔，把握好每根线的透视，注意物体间高度和宽度的比例关系。画的时候要胸有成竹，不能急躁。

　　马克笔和彩色铅笔手绘单体上色实例如图 3.18 ～图 3.25 所示。

图3.18 单体家具着色表现 1（胡华中 作）

　　如图 3.18 所示，此组单体马克笔笔触粗细变化有序、节奏感强，重点刻画明暗交界线，是增强空间感的好方法。

图3.19 单体家具着色表现 2（胡华中 作）

　　如图 3.19 所示，此组单体上色留白适当，运用了中国水墨画的"余白法"，有无声胜有声之妙。

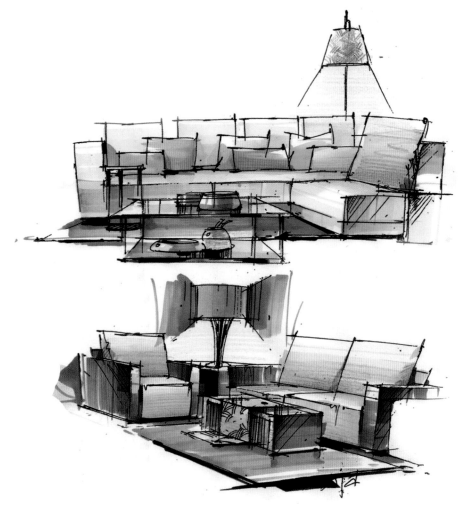

图3.20 单体家具着色表现 3（闫杰 作）

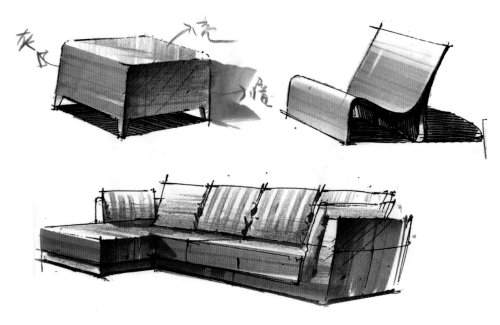

图3.21 单体家具着色表现 4（闫杰 作）

图3.22　单体家具着色表现 5（胡华中 作）

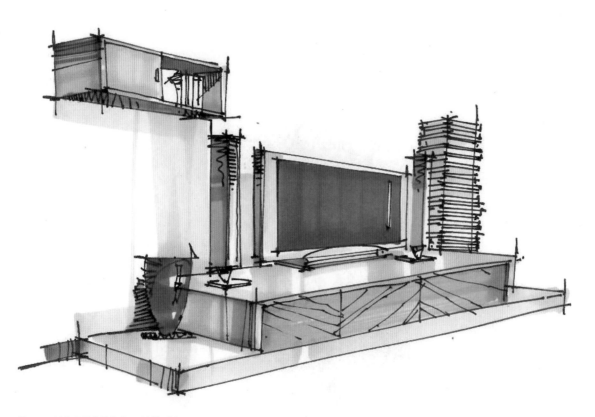

图3.23　单体家具着色表现 6（文健 作）

图3.24　单体家具着色表现 7（胡华中 作）

如图 3.21～图 3.24 所示，色彩表现大胆，素描关系丰富，整体效果醒目、活泼，现代感强。

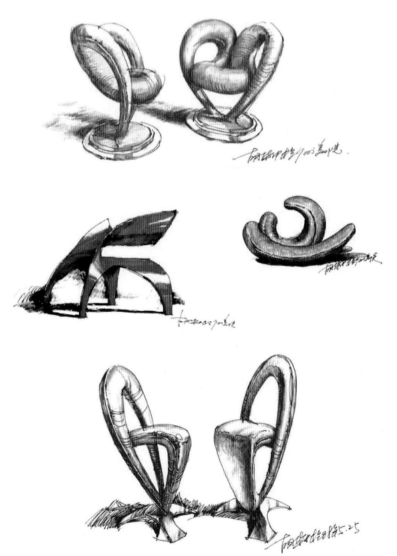

彩色铅笔要用排线的方法上色，并且线条要围绕物体的结构来画。如图 3.25 所示，此组单体运用了大量的曲线，使线条具有弹性。

图3.25　单体家具着色表现 8（胡华中 作）

# 第二节　平面图表现和立面图表现

　　平面图是室内空间设计的第一步，由于室内设计的前期是对空间功能的划分、人流路线的设计，但是在画平面的过程中要充分考虑立面的效果，所以平面完成后需要画些立面草图，使平面和立体的效果相结合，不断完善彼此。方案阶段以手绘为主要方式和业主沟通，因此需要着一定的色，方便传达设计的意图。方案得到业主认同后需要深化，开始参照手绘方案草图出三维电脑效果图。画平面手绘时要注意室内尺度感，上色要简洁，不要涂得太腻。平面图和立面图表现如图3.26～图3.34所示。

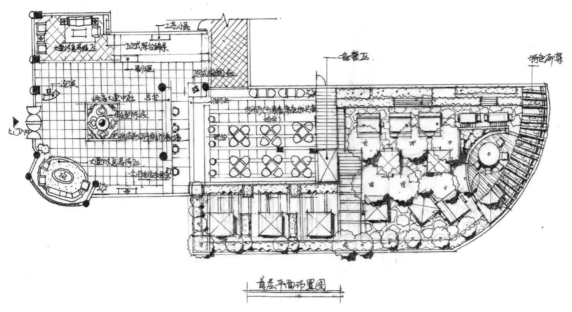

图3.26　室内平面线稿 (胡华中 闫杰 作)

　　如图3.26所示，这张平面图先用AutoCAD按比例画出基本结构，然后复制AutoCAD中的结构线，最后手绘出家具和植物。这样画出的手绘方案图比例准确，而且线条富有艺术美感。

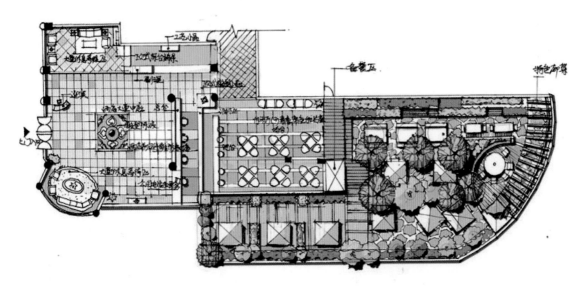

图3.27　室内平面上色1 (胡华中 闫杰 作)

　　如图3.27所示，此平面图形式感强，色彩雅致、雅淡，颜色变化微妙，和谐统一。

　　如图 3.28 所示，此组平面图色彩明亮、变化丰富，局部上色，大量留白，形式感强。平面上色注意色彩的整体感，各色块的纯度和明度要统一，使画面色彩和谐，如图 3.29 所示。

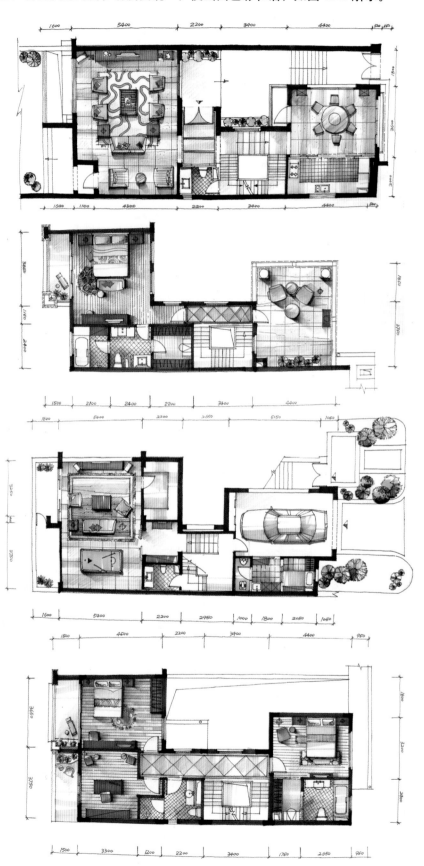

图3.28　室内平面上色 2（文健 作）

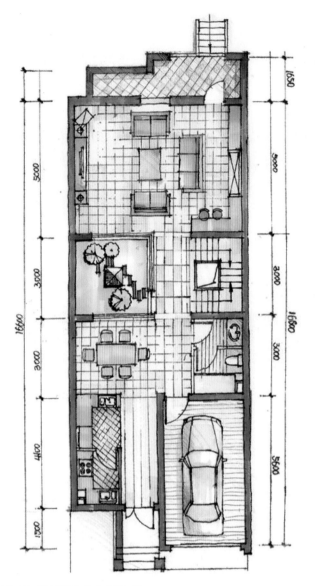

图3.29　室内平面上色 3 (闫杰 作)

　　手绘立面图在设计的过程中很重要，是空间设计之后的界面处理，很多设计灵感来自随手勾勒的草图，如图 3.30 ～图 3.34 所示。

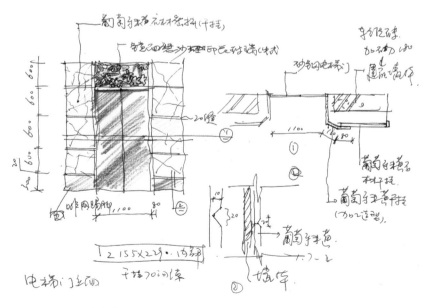

图3.30　手绘立面图 (胡华中 作)

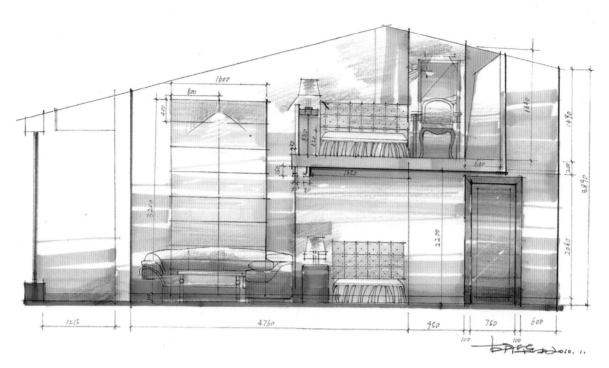

图3.31 手绘立面图 1（胡华中 作）

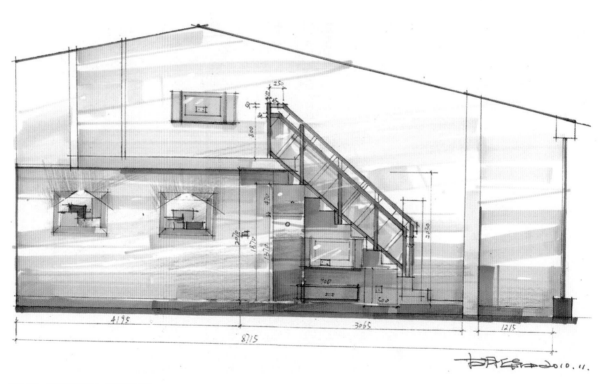

图3.32 手绘立面图 2（胡华中 作）

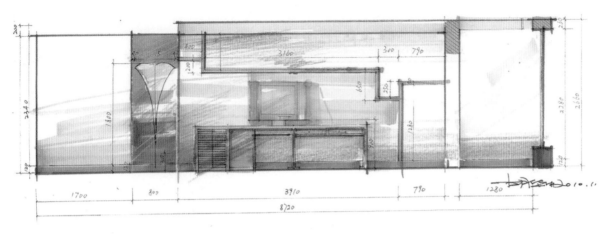

图3.33　手绘立面图 3（胡华中 作）

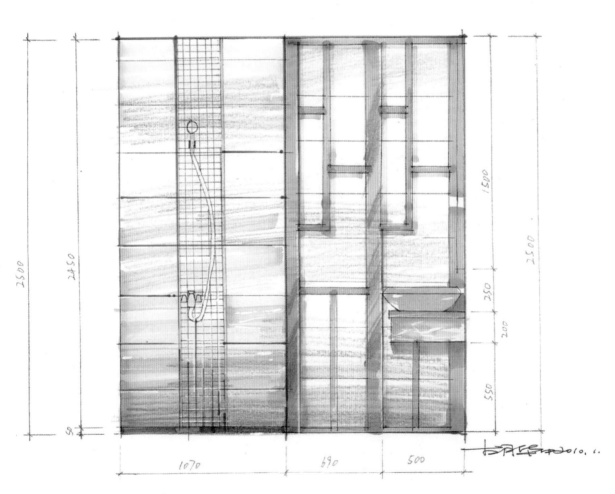

图3.34　手绘立面图 4（胡华中 作）

# 第三节　居住空间设计手绘表现

居住空间设计是环境设计专业的入门课程，通过循序渐进的方式教授学生室内设计的知识，使学生认识居住空间与人的关系。居住空间是生活起居的基本场所，其基本功能包括休息、饮食、娱乐、学习、会客等。它解决的是在小空间内如何使人居住、使用起来更方便、舒适的问题。居住空间虽然相对较小，但其涉及的问题却很多，包括采光、通风、材料等，而且每一个问题都和人的日常生活起居关系密切。本节简要地介绍居住空间设计中的玄关、客厅、餐厅等如何表现，旨在促进读者理解其中的空间概念以提高自己的创造能力，更加强调设计原则——以人为本。表达设计思路的主要图纸包括平面图、立面图、透视图等。

## 一、玄关表现

玄关是入户的第一道关口，是业主家庭的门面。设玄关的目的有：①保持主人的私密性，避免客人一进门就对整个居室一览无余，也就是在进门处用木质或玻璃作隔断，划出一块区域，在视觉上遮挡一下；②起装饰作用，进门第一眼看到的就是玄关，这是客人从繁杂的外界进入这个家庭的最初感觉，可以说，玄关设计是设计师整体设计思想的浓缩，它在房间装饰中起到画龙点睛的作用；③方便客人脱衣换鞋挂帽，最好将鞋柜、衣帽架、大衣镜等设置在玄关内，鞋柜可做成隐蔽式，衣帽架和大衣镜的造型应美观大方，和整个玄关风格协调。玄关的装饰应与整套住宅装饰风格协调，起到承上启下的作用。

玄关是练习室内空间的开始，是比较简单的空间，可以采取微成角透视的构图形式，这样会增加画面的活跃感。玄关表现如图 3.35 和图 3.36 所示。

图3.35　玄关表现 1 (胡华中 作)

图3.36 玄关表现 2（胡华中 作）

## 二、客厅表现

客厅兼具接待客人和生活日常起居的功能。当然，部分经济富裕的家庭也会有专门的客厅和专门的起居室。在家居装饰设计中，人们越来越重视对客厅的设计。客厅风格有中式、欧式、现代简约等。客厅色彩宜明亮，一般根据业主的喜好来做，避免有大面积艳丽颜色，要做到舒适方便、热情亲切、丰富充实，使人有温馨祥和的感受。客厅表现如图 3.37 ～图 3.45 所示。

图3.37 客厅线描表现 1（胡华中 作）

**此幅手绘作品用笔刚劲有力，用线流畅、自然，较好地将物体的光感和质感表达了出来。**

图3.38 客厅线描表现 2（胡华中 作）

　　此家居空间线描图，部分线条采用平行尺辅助，显得刚劲有力，画面中间线条密集，且对比强烈，进深感和聚焦感很强。

图3.39 客厅马克笔表现 1（胡华中 作）

　　此家居空间马克笔表现笔触隐漏得当、色彩明快、冷暖对比强烈，素描关系和谐，刻画到位。

图3.40　客厅马克笔表现 2（胡华中 作）

　　如图 3.40 所示，此幅室内空间手绘作品风格自由潇洒，运用不同方向和疏密有别的线条，使平稳的构图富于动感，通过对画面黑、白、灰关系的有效处理，形成了画面的空间层次和节奏感。

图3.41　客厅马克笔表现 3（吴世铿 作）

　　如图 3.41 所示，此幅作品构图严谨，表现手法工整细腻，透视准确，空间比例协调。色调把握注意整体冷暖倾向，点缀色在空间中的使用很重要，能使画面活跃起来，但又不影响整体色调。

图3.42　客厅马克笔表现 4（文健 作）

图3.43 客厅马克笔表现 5（广州群英供稿）

图3.44 客厅马克笔表现 6（广州群英供稿）

图3.45 客厅马克笔表现 7（吴世铿 作）

　　如图3.45所示，此幅作品构图严谨、表现手法工整细腻，运用"精密"的线条对物体进行了深入的刻画，结构清晰。马克笔很好地表现了画面中的光线、色调和质感。

## 三、餐厅表现

现代家庭中，餐厅正日益成为重要的活动场所，能有一间设备完善、装饰考究的餐厅，一定会使居室增色不少。通常餐厅的形式主要有3种：独立式餐厅、通透式餐厅、共用式餐厅。餐厅灯光采用局部照明，使餐桌上有足够的采光，以满足用餐的需要。墙面、橱柜面板可用白色，营造出清洁的视觉感受。吧台的玻璃台面、吊柜的金属板成为简约风格的推动者，透明材质和反光金属增加一尘不染的感受。餐厨用具、花瓶和花束可以选择有跳跃感的红色，为整个环境做点缀，增添用餐时的温暖气氛。餐厅表现如图3.46～图3.50所示。

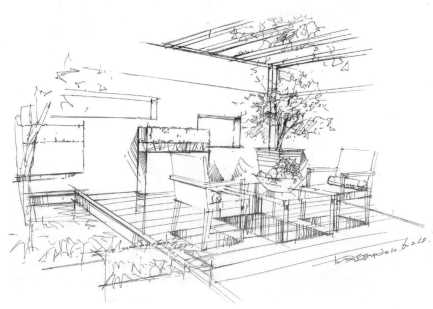

图3.46　餐厅表现 1（胡华中 作）

图3.47　餐厅表现 2（胡华中 作）

图3.48　餐厅表现 3 (胡华中 作)

图3.49　餐厅表现 4 (胡华中 作)

图3.50　餐厅表现 5 (胡华中 作)

## 四、厨房表现

　　厨房设计是指将橱柜、厨具和各种厨用家电按其形状、尺寸及使用要求进行合理布局、巧妙搭配，实现厨房用具一体化。它依照家庭成员的身高、色彩偏好、文化修养、烹饪习惯及厨房空间结构、照明结合人体工程学、人体工效学、工程材料学和装饰艺术的原理进行科学合理的设计，使科学和艺术的和谐统一在厨房中体现得淋漓尽致。生产厂商以橱柜为基础，同时按照消费者的自身需求进行合理配置，生产出厨房整体产品。这种产品集储藏、清洗、烹饪、冷冻、上下供排水等功能为一体，尤其注重厨房整体的格调、布局、功能与档次。厨房色彩要明亮，一般以冷色和木色为主。厨房表现如图3.51和图3.52所示。

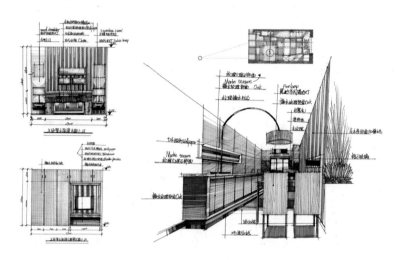

图3.51　厨房表现 1 (吴世铿 作)

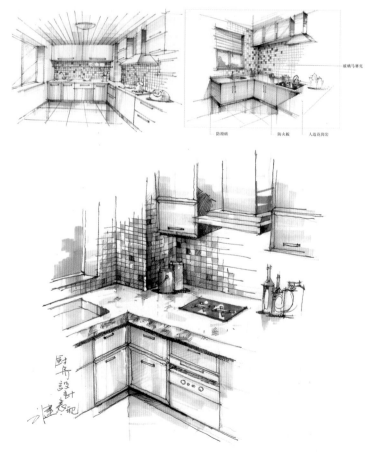

图3.52　厨房表现 2 (文健 作)

## 五、卧室表现

　　卧室是人们休息的主要处所，卧室布置得好坏直接影响到人们的生活、工作和学习，所以卧室也是家庭装修的设计重点之一。卧室设计时首先要注重实用，其次才是装饰。卧室是休息的地方，除了提供易于安眠的柔和的光源之外，更重要的是要以灯光的布置来缓解白天紧张的生活压力。卧室的照明应以柔和为主，可分为照亮整个室内的天花板灯、床灯和夜灯。天花板灯应安装在光线不刺眼的位置；床灯可使室内的光线变得柔和，充满浪漫的气氛；夜灯投出的阴影可使室内看起来更宽敞。卧室的色彩应避免选择刺激性较强的颜色，一般选择暖和的、平稳的中间色，如乳白色、粉红色、粉绿色等。卧室表现如图 3.53 ～图 3.56 所示。

图3.53　卧室表现 1（胡华中 作）

图3.54　卧室表现 2（胡华中 作）

图3.55 卧室表现 3（胡华中 作）

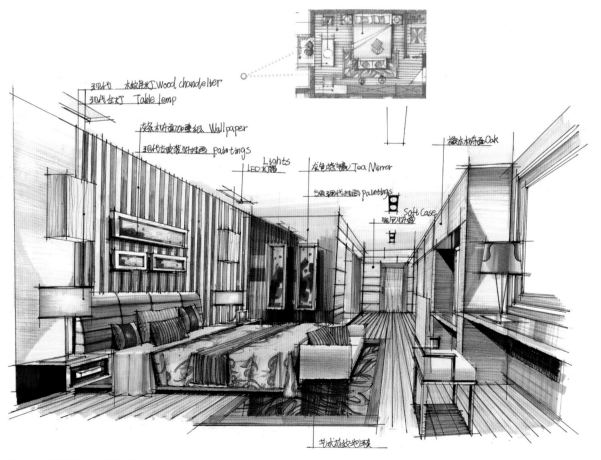

图3.56 卧室表现 4（吴世铿 作）

## 六、书房表现

　　书房又称家庭工作室，是作为阅读、书写以及业余学习、研究、工作的空间。书房是为个人而设的私人天地，最能体现居住者习惯、个性、爱好、品位和专长的场所，在功能上要求创造静态空间，以幽雅、宁静为原则。书房墙面比较适合上亚光涂料，壁纸、壁布也很合适，它们可以增加静音效果、避免眩光，让情绪少受环境的影响。地面最好选用地毯，这样即使思考问题时踱来踱去，也不会出现令人心烦的噪声。书房颜色的要点是柔和、使人平静，最好以冷色为主，如蓝、绿、灰紫等，尽量避免跳跃和对比的颜色。书房表现如图3.57～图3.61所示。

图3.57　书房表现 1（胡华中 作）

图3.58　书房表现 2（胡华中 作）

图3.59 书房表现 3（胡华中 作）

图3.60 书房表现 4（文健 作）

图3.61 书房表现 5（吴世铿 作）

# 七、卫生间表现

卫生间是家中最隐秘的一个地方。精心对待卫生间，就是精心捍卫自己和家人的健康与舒适。卫生间的设计要考虑安全、实用、美观、流线顺畅等，如采光不好的卫生间，色彩一定要明亮，给人洁净的感觉。卫生间表现如图 3.62 ～图 3.65 所示。

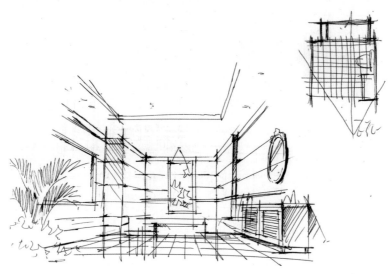

图3.62 卫生间表现 1 (胡华中 作)

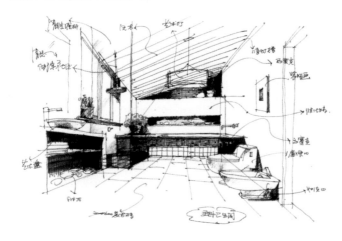

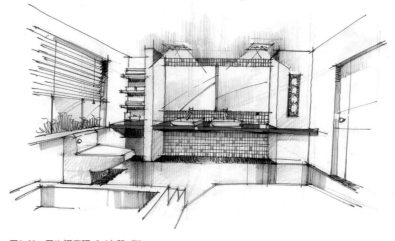

图3.63 卫生间表现 2 (文健 作)

图3.64 卫生间表现 3（胡华中 作）

图3.65 卫生间表现 4（胡华中 作）

# 第四节　商业空间设计手绘表现

商业空间设计包括酒店、餐饮空间、超市、电影院、博览会的展位设计等。与居室空间相比，商业空间偏大，内容更多，更复杂。色彩是商业空间设计中的灵魂，它们并不是单一、孤立地存在的，各具功能特点的色彩会彼此影响。只有遵循一些基本的原则，才能更好地使色彩服务于整体的空间设计，达到更完美的效果，创造出充满情调、和谐舒适的商业空间。本节展示了很多商业空间设计手绘作品，它们在技法上的运用多种多样。

## 一、餐饮空间表现

随着人们生活水平的提高，餐饮空间的功能也日益增多，除去吃，还要满足人们娱乐享受的其他功能，而且人们对吃的形式和环境的要求更高。餐饮环境在总体功能布局时，入口、大厅、包房、厨房等要尽可能划分清晰，避免它们之间相互干扰；桌椅组合形式及其空间的划分应具有多样性，可以满足不同客户群的需求；不同的餐位之间的划分应以不受干扰的原则为准，营造出安谧的就餐环境；通道设计要流畅、便利，尽量方便客人，避免客人之间、客人与服务生之间发生矛盾。餐饮空间的主题营造有利于营造良好的就餐环境，将餐饮环境氛围上升到人文精神的境界。餐饮空间的主题营造可以利用照明、色彩关系、装饰符号等。餐饮空间手绘表现如图3.66～图3.72所示。

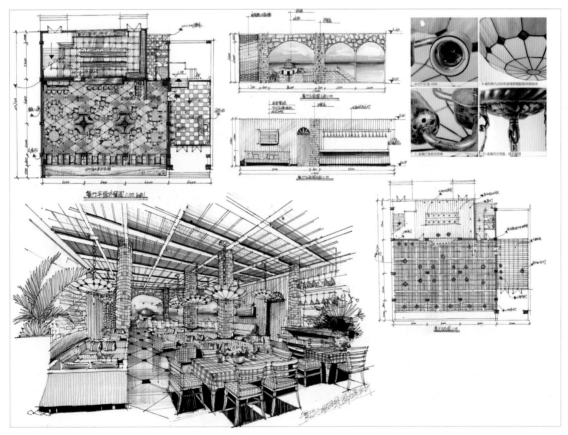

图3.66　餐饮空间线描表现 1（吴世铿 作）

**此幅作品在线的运用上更是抑扬顿挫、粗细兼施，深淡相济，疏密有致。**

图3.67　餐饮空间线描表现 2（胡华中 作）

餐厅方案

图3.68　餐饮空间上色表现 1（胡华中 作）

图3.69 餐饮空间上色表现 2 (胡华中 作)

图3.70 餐饮空间上色表现 3 (胡华中 作)

图3.71 餐饮空间上色表现 4（陆守国 作）

图3.72 餐饮空间上色表现 5（胡华中 作）

　　如图3.72所示，此幅餐饮空间手绘作品构图较有新意，画面虚实有致、取舍合理、中心明确、主次分明。画面中的线条流畅、挺拔、洒脱，具有很强的形式美感，色彩倾向一致，纯度和明度控制得当、效果醒目。

## 二、舞厅表现

舞厅是一个高层次的综合性文化产物，装饰华丽、高雅，有良好的娱乐环境，一般设有歌舞表演区、休闲区、配套服务区等。其中歌舞厅的主体是歌舞表演区和休闲区，占据较大空间，要求其功能性比较强。舞厅设计的造型元素应该灵活多变，图形和色彩的变化跟随音乐的节奏舞动，能给人耳目强烈的刺激感，活跃现场气氛。舞厅手绘表现如图 3.73 ~ 图 3.76 所示。

图3.73　舞厅线描表现（胡华中 作）

图3.74　舞厅上色表现 1（胡华中 作）

如图 3.74 所示，此幅作品以具有动感很强的曲线为主，色彩丰富多彩，给人以兴奋的感觉，体现了舞厅空间的活跃气氛，物体刻画细腻、人物留白表现、对比强烈，使画面中心突出、主次分明。

图3.75　舞厅上色表现 2（胡华中 潘能梅 作）

如图 3.75 所示,此幅手绘作品线条轻松活泼、笔法生动、构图奇特,很有趣味。马克笔笔触流畅、大气、潇洒,形式感很强。

图3.76　舞厅上色区表现 3（胡华中 作）

## 三、大堂表现

大堂是酒店在建筑内接待客人的第一空间,这里是客人办理入住、会客、结账的地方,也是酒店的公共空间、集散场所。大堂要有宽敞的空间、华丽的装潢设计,创造出感染客人的气氛,以便给人留下深刻的第一印象。大堂表现如图 3.77 ~ 图 3.79 所示。

图3.77 酒店大堂上色表现 1 (陆守国 作)

图3.78 酒店大堂上色表现 2 (集美手稿)

　　如图 3.78 所示，此幅手绘作品构图完整，比例准确，空间感强烈，画法工整而细致，局部和细节表现深入，前后层次分明。

图3.79 酒店大堂上色表现 3 (么冰儒 作)

　　如图 3.79 所示，此幅酒店大堂上色细致，色彩对比微妙、柔和，画面的下面色彩偏重，上方偏轻，形成一种下沉感和稳定感。

## 四、接待前台表现

　　前台是一个公司、企业、酒店等给客户的第一印象，其品位和风格与企业文化有直接关系。前台是公司的脸面，其设计绝不能忽视。除设计因素外，材料的使用是影响不同风格的最大因素。因此，施工时既要把握设计的整体风格，还要注意材料的运用。接待前台表现如图3.80～图3.82所示。

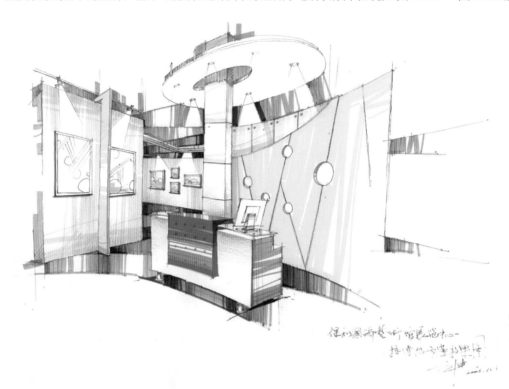

图3.80　接待前台表现 1（文健 作）

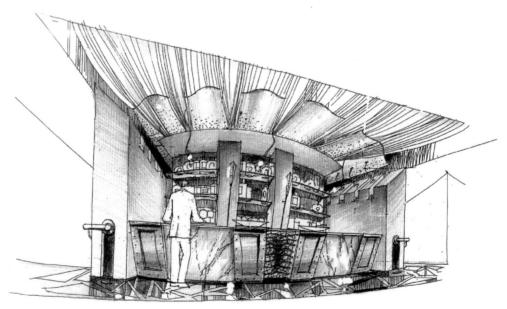

图3.81　接待前台表现 2（集美手稿）

　　如图3.81所示，此幅接待前台手绘作品线稿简洁明了，很好地表现了物体的结构。上色只用了彩色铅笔，材质细腻、色彩柔和。

图3.82 接待前台表现 3（文健 作）

# 五、展示设计表现

　　展示设计是一门比较综合的设计，商品是它的主体。展示设计师通过平面功能布置和灯光设计等，在既定的时间和空间范围内，有计划地将展示的产品呈现给客人，并力求使客人尽可能多地了解展示所传达的产品信息，使客人能参与其中。展示产品种类繁多：人文类展示包括科学馆、纪念馆、美术馆、博物馆等，其主要目的是传播文化知识、促进文化交流等；科技产品展示注重空间形式和色彩的新颖，强调现在科技的魅力。展示有动态展示和静态展示：动态展示有巡回展示和交流展示等，而静态展示多为固定地点的展示。展示设计表现如图 3.83～图 3.89 所示。

图3.83 展示空间表现 1（文健 作）

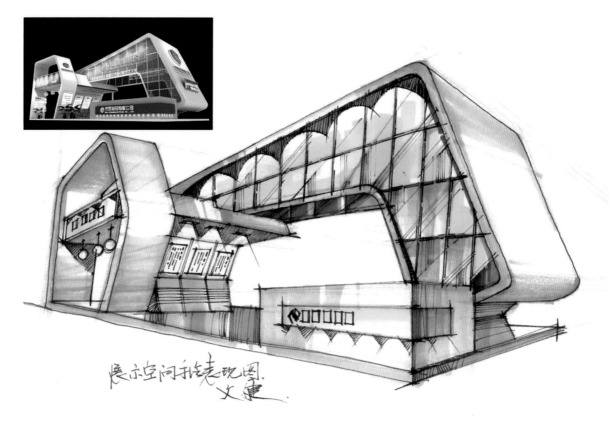

图3.84　展示空间表现 2（文健 作）

图3.85　展示空间表现 3（文健 作）

　　如图 3.85 所示，这张手绘作品素描关系很好，空间层次丰富，画面线条挺拔而有力、虚实得当，物体的光感和质感表现到位。

图3.86 展示空间表现 4（文健 作）

图3.87 展示空间表现 5（文健 作）

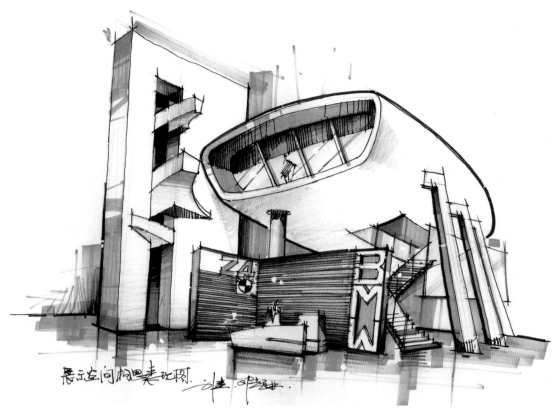

图3.88 展示空间表现 6 (文健 作)

如图 3.88 所示，此幅作品用现代感很强的银灰色，马克笔笔触干练、潇洒，色彩明快、简洁，体现了现代设计的审美特征。

图3.89 展示空间表现 7 (胡华中 闫杰 作)

如图 3.89 所示，此幅设计手绘作品用了代表科技的蓝色，用红色来点缀空间，使空间颜色跳跃起来。

# 六、酒吧表现

酒吧有三种类形：Bar、Pub、Tavern。Bar 多指美式的具有一定主题元素的酒吧，而 Pub 和 Tavern 多指英式的以酒为主的酒吧。酒吧相对于其他就餐环境来说，要求有更浓烈的就餐氛围，给每天处于高度紧张的人们提供一个放松、休闲的场所。色彩是酒吧设计中的一个重要环节，利用人们的视觉感受，创造一个有情调的环境。合理地运用色彩，可营造一个丰富多彩、情趣盎然、和谐舒适的休闲空间。酒吧表现如图 3.90 ～图 3.95 所示。

图3.90　酒吧表现 1（文健 作）

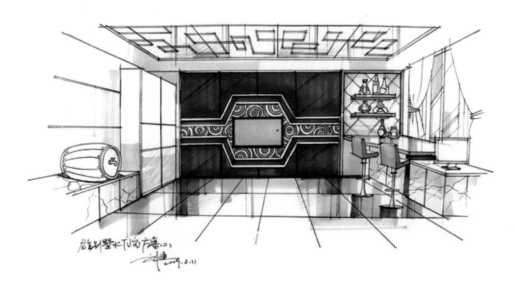

图3.91　酒吧表现 2（文健 作）

图3.92　酒吧表现 3（文健 作）

图3.93　酒吧表现 4（文健 作）

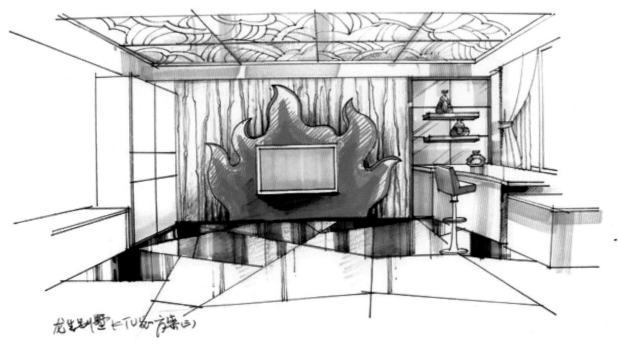

图3.94 酒吧表现 5（文健 作）

图3.95 酒吧表现 6（文健 作）

## 七、其他公共空间

通道作为各室内空间之间的纽带，是不可或缺也不宜过多的地方，在平面布置时应尽量缩短通道的长度，这样可以节省造价和占地面积。但是通道也不能过窄，否则会显得小气。

会议室是同客户交流、员工开会的地方，使用需求决定办公室的面积大小。注意在设计中要有预留设计空间，如音响、电源接头、投影仪等。其他公共空间表现如图3.96～图3.101所示。

图3.96 售楼部室内通道景观表现（闫杰 作）

图3.97 过道空间表现（胡华中 作）

图3.98 半室内游泳馆表现（陆守国 作）

图3.99 休闲会所表现（胡华中 作）

图3.100　办公室表现（李静 作）

图3.101　茶楼前台表现（胡华中 作）

# 八、酒店设计手绘

　　商业活动和旅游度假越来越多，酒店的作用越来越大，酒店的装潢设计也随之越显重要。由于客人来自四面八方，所以酒店设计要凸显当地的地域文化特色，使客人在了解当地文化的同时，赢得客人对酒店环境的喜爱。酒店的分类有观光型旅游酒店、商业酒店、度假性酒店、会议酒店、常住式酒店和汽车旅馆。酒店设计手绘表现如图 3.102 ~ 图 3.109 所示。

　　设计师设计室内空间时，一般从平面开始入手，在平面上解决功能划分，流线设计。

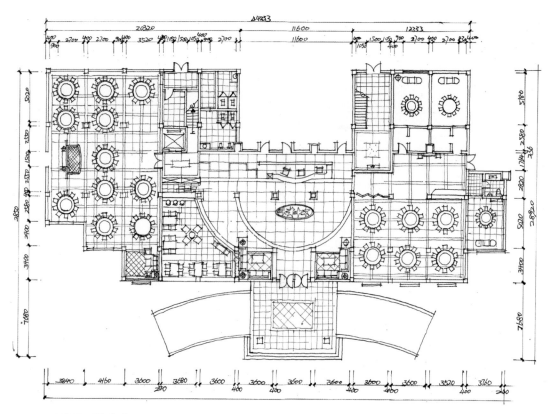

图3.102 平面布置构思 (胡华中 作)

图3.103 酒店大堂表现 (胡华中 作)

图3.104　大堂休息区表现（胡华中　作）

图3.105　餐厅包间表现（胡华中　作）

图3.106 餐厅表现（闫杰 作）

图3.107 餐厅休息区表现（闫杰 作）

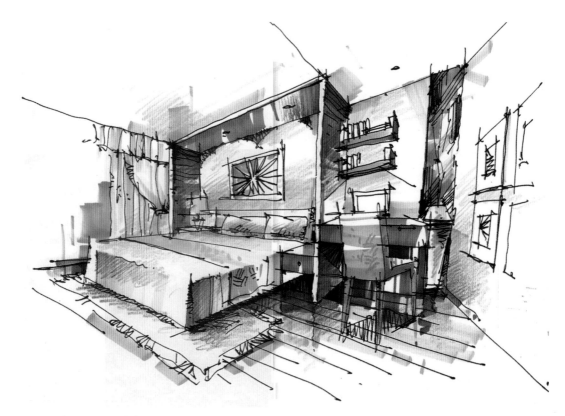

图3.108 客房表现 1 (胡华中 作)

图3.109 客房表现 2 (胡华中 作)

概念草图设计是设计的最初阶段，很多不经意间产生的灵感均来自概念草图。设计师在构思时需要手、脑结合，不断地将大脑中的设计元素组合在图纸上，不断地完善，最终形成成熟的设计作品。概念设计草图表现一般比较快，不必画得太细致，如图 3.110 ～图 3.114 所示。

图3.110 过道概念草图 1 (胡华中 作)

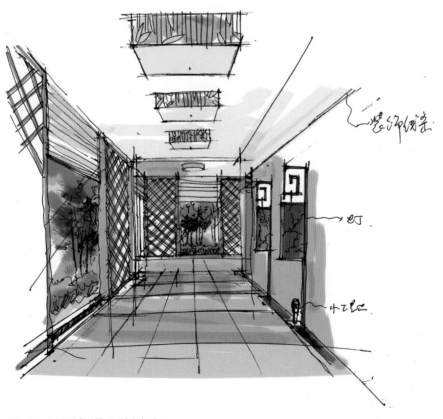

图3.111 过道概念草图 2 (胡华中 作)

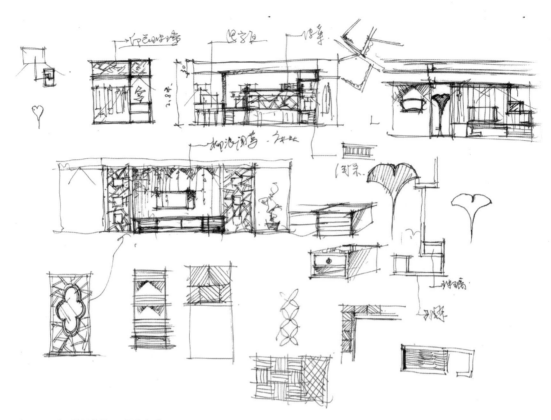

图3.112 立面构思草图 1（胡华中 作）

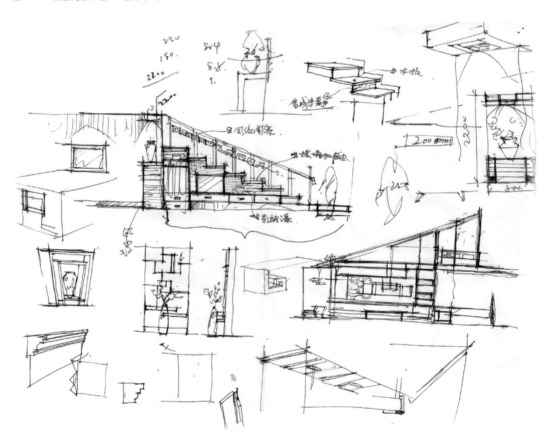

图3.113 立面构思草图 2（胡华中 作）

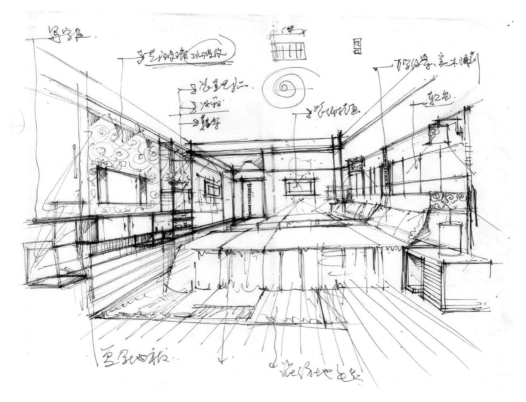

图3.114 标间空间概念草图（胡华中 作）

# 本章小结

本章系统地讲解了室内设计各种主题空间的表现技巧，从单体表现到空间线稿和上色着重讲解方法和规律，并结合丰富的室内手绘效果图案例讲解相关室内设计知识，突出设计手绘的价值内涵。同时对各种具有代表意义的空间加以剖析，使室内手绘表现能和室外手绘表现融会贯通，为下一章的建筑和园林景观表现打下坚实的基础。

# 习　题

1．思考室内设计手绘的意义和价值。

2．绘制陈设单体 50 组。

3．绘制单体组合 10 组。

4．绘制室内平面图 10 幅。

5．绘制室内空间图 40 幅。

# 第4章 建筑、园林景观设计手绘效果图表现

**训练要求和目标**

要求：把握建筑、园林景观平行透视和成角透视的表现规律，能结合前面所学设计基础，并做大量的建筑、园林景观空间手绘练习。

目标：能辨别建筑、园林景观设计手绘效果图的优点、缺点。并引以为训练目标，不断提高建筑、园林景观手绘效果图的表现能力，同时能结合专业所需，提高建筑、园林景观设计创新能力。

**本章要点**

建筑、园林景观配景线描和着色训练。

平面图和立面图表现。

建筑表现。

园林景观空间表现。

从事建筑、园林景观设计通常要画三种类型手绘图：构思草图、精细透视图、扩初手绘平面和里面图。手绘效果图是从事建筑、园林景观设计师必须掌握的一门技能。在建筑、园林景观效果图的学习过程中，临摹是一个非常重要的内容与环节，通过临摹可以最便捷地学习他人的经验。临摹一段时间后穿插写生实景，可检验所学理论知识。最后锻炼的是创造能力，将之前所学的进行概括和提炼，可以提高自己的创新能力。

# 第一节 园林景观单体手绘表现

　　手绘表现是景观设计者的主要表现形式，是设计者重要的艺术手段之一。众所周知，园林景观由植物、水体、山石等组成。园林景观主要以植物为主，与山石、园路、园林小品等元素相辅相成，作为设计师，就是以手绘的表达形式表现它们的形态以及组合姿态。在绘制时，要掌握各种不同要素的特点，抓其主要特征，准确地表现出来。

## 一、树的画法

　　树是建筑、园林景观设计表现图 * 的重要构成元素，外观特征多变，其基本结构分为树叶、树枝、树干、树根。树的形状千变万化，有的坚韧不拔，有的婀娜多姿，有的疏影横斜，有的苍劲朴拙。树的类型主要分为阔叶和针叶两种。阔叶有樟树、榕树、法国冬青、梧桐树等，叶形多呈圆形和卵形。针叶有松树、柏树、杉树等，树形多呈伞形。给树上色时注意色彩统一，如在室外，绿色的树亮部和暗部应该保持同样色相，只是暗部一般偏冷点，亮部偏黄点。马克笔上色多用旋转笔触，注意色块的大小、明暗、纯度变化，形成自然的色块，以便表现出自然的树叶组团关系。植物线描和植物上色如图 4.1 ～图 4.21 所示。

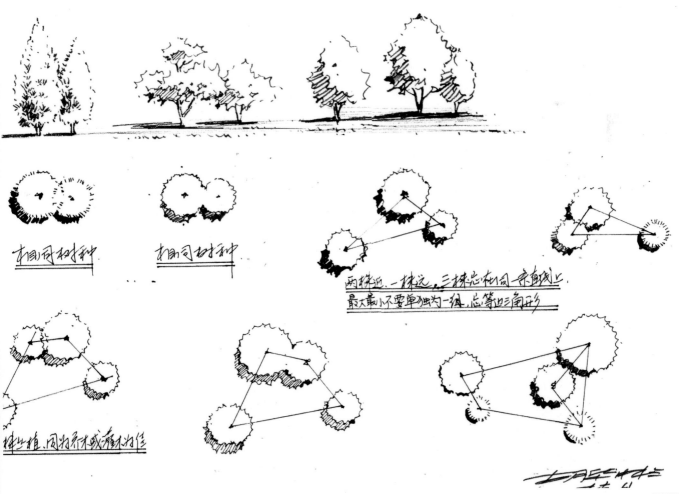

图4.1 植物平面图和立面图练习（胡华中 作）

图4.2 植物概括练习（胡华中 作）

如图 4.2 所示，每棵树都有一个概括的形态，整体观察，明确重心，把握好树的基本形态。

图4.3 植物单体练习 1（胡华中 作）

如图 4.3 所示，这组植物表现的是线描和影调法结合的方法，为了方便马克笔上色，所以无须画太多的调子，重点画出暗部调子，亮部巧妙留白。

图4.4 植物单体练习 2 (胡华中 作)

如图 4.4 所示，此组植物表现了各种植物的造型特征，通过对叶子大小关系的刻画，较好地表现了叶子的前后关系。

（1）树叶的画法有线描法、影调法和线描结合影调法。绘制时应注意树叶的凹凸起伏、大小、疏密变化，树叶组团处理，控制树冠的整体形态。树叶组成了不同形态的树冠，使树郁郁葱葱，显示出勃勃生机。树叶形状千变万化，画法多样，概括而言就是点叶法、勾叶法及明暗调式法，这三种方法也可结合使用。画树叶时除了理解枝叶的组合关系外，还应注意枝干与叶的主次、前后、穿插、疏密等关系。一般作画时可做上密下疏的处理，这样树木的主要枝干会显得比较清楚，结构特征也会清晰可辨。要将成团的枝叶理解归纳成不同的几何形体，以适应整体概括的需要，还要处理好叶簇之间的空间层次关系。把握好叶簇之间边缘线的虚实，强调虚实变化是获得生动自然的叶簇的关键所在。以线勾画树叶，不要机械地对着树叶一片一片地勾画，要根据不同树的叶子的形态，概括出不同的样式，加以描绘。用明暗色块表现树叶，则是根据树叶组成的团块进行明暗体积、层次的描绘。在适当的地方，如一些外轮廓处或突出的明部，做一些树叶特征的细节刻画。在表现树的层次时可以采用前景"压"中景，中景"压"远景。画树时要从整体出发，首先看树的基本形，抓住基本特征，如图 4.5 和图 4.6 所示。

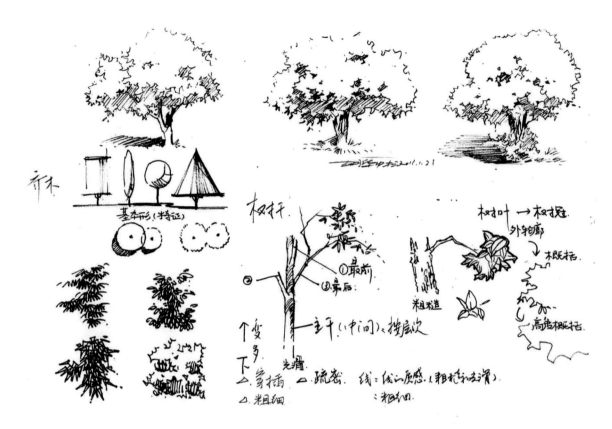

图4.5 树叶练习（胡华中 作）

图4.6 植物单体练习 3（胡华中 作）

（2）树干和树枝是树的骨骼。在绘制时注意树干和树枝、树枝和分枝的穿插交错关系。树干的纹理特征多样，用线也不同，有的用横向曲线，有的是竖向曲线或直线，有的用 S 线、O 形线、鱼鳞形等，如图 4.7 ~ 图 4.9 所示。

a) 小枝及组合　　　　b) 分枝的组织　　　　c) 组合成树

图4.7　植物单体练习 4（佚名）

图4.8　植物单体练习 5（胡华中 作）

如图 4.8 所示，此幅作品树叶处理注意了上密下疏，这样树木的主要枝干会显得比较清楚，结构特征也会清晰可辨。

图4.9　植物单体练习 6（胡华中 作）

　　如图 4.9 所示，这组植物线条轻松、流畅，概括的线条富有生命力。不同特征的树用不同的线条表现，如松树的外轮廓线条呈锯齿状、阔叶植物用曲直多变的斜线。

图4.10　植物单体上色练习 1（胡华中 作）

　　如图 4.10 所示，这组植物用色大胆，很好地表现了古树和新树的色彩特征和材质特点。

图4.11　植物单体上色练习 2（胡华中 作）

图4.12　植物单体上色练习 3（胡华中 作）

图4.13 植物单体上色练习 4（胡华中 作）

　　如图 4.13 所示，椰子树和竹子叶子多而密，用马克笔的块面概括出它的形体，通过色彩的冷暖变化，使得植物变得丰富多彩。

图4.14 植物单体上色练习 5（胡华中 作）

　　如图 4.14 所示，植物通过色块之间的对比，将黑白灰对比加强，暗部偏冷、亮部偏暖，再用红色点缀，使得既整体统一又富有变化。

图4.15 植物单体上色练习 6 (胡华中 作)

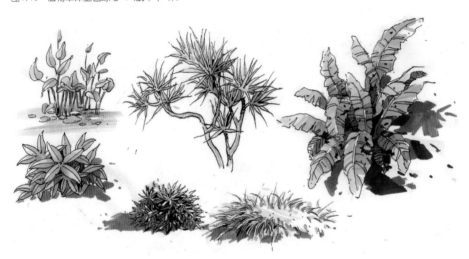

图4.16 植物单体上色练习 7 (胡华中 作)

如图 4.15 和图 4.16 所示，灌木和地被植物表现注意整体素描关系，受光面整体偏黄绿，中间草绿，暗部翠绿。

图4.17 植物单体上色练习 8 (胡华中 作)

如图 4.17 所示，此组植物的色彩冷暖对比强烈，亮部黄绿、暗部青绿、中间色淡绿，显得阳光感很强。

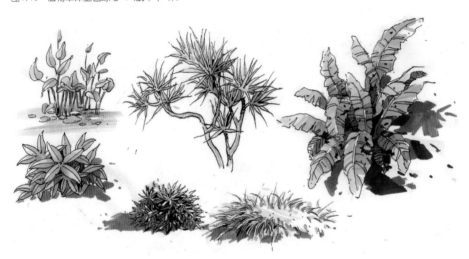

图4.18　植物单体上色练习 9（胡华中 作）

图4.19　植物组合上色练习 1（胡华中 作）

如图 4.19 所示，此组植物组合色调淡雅，冷暖对比明显，即使没有明暗对比，也能凸显阳光灿烂效果，运笔潇洒、自然，富有动感。

图4.20　植物组合上色练习 2 (胡华中 闫杰 作)

如图 4.20 所示，景观中休闲座椅、花坛、树池、背景树的结合，既突出了休闲主题，又营造了生态的整体氛围。

图4.21　园林坐椅上色练习 (胡华中 作)

如图 4.21 所示，此组单体色彩明亮，素描关系把握得当，重点刻画明暗交界线，注意了环境色的运用，亮部轻涂黄色彩铅，光感十足。

## 二、石头水景的画法

　　石头是室外环境设计不可缺少的元素之一，自古以来石头就是中国园林的一道独具魅力的风景线，分布于园林的各个角落，叠山理水之必备。石头具有坚硬和粗犷的特点，绘制石头时，应体现出块面的感觉，宁方勿圆，使石头立体化；还要根据光线的变化，表现石头的光影层次，突出石头的质感。石头种类包括太湖石、黄蜡石、英石、宣石、钟乳石、灵璧石等。不同的石头有不同的形态、纹理，如太湖石的皱、瘦、漏、透，黄蜡石的圆滑饱满等，用笔要根据石头结构特征曲折顿挫。马克笔给石头上色时注意块面，重点将明暗交界处和投影处压重。

　　水是园林中的血脉，在室外设计中极为重要。水有静态和动态之分，有清澈和浑浊之别。静态的水倒影明显，和倒影的实景相似，轮廓模糊，明暗对比弱，表现出若隐若现的感觉。倒影可以用统一的水平线表现，可以适当颤抖。动态的水适合用波折较大的曲线表现，可达到水波荡漾的感觉。石头、水景表现如图 4.22 ～图 4.33 所示。

图4.22　石头线稿练习 1（胡华中 作）

图4.23　石头线稿练习 2（胡华中 作）

图4.24　石头线稿练习 3（闫杰 作）

图4.25　石头线稿练习 4（胡华中 作）

图4.26　石头水景空间线稿表现（胡华中 作）

如图 4.27 和图 4.28 所示，石头水景手绘作品景物取舍合理，构图安排较有章法，石头体面转折与结构清晰，线条有张力，素描关系明确，稍微着色就出立体效果。

图4.27 石头水景空间线稿上色表现 1（胡华中 作）

图4.28 石头水景空间线稿上色表现 2（胡华中 作）

用马克笔表现石头很容易出效果，将它的受光面和背光面的距离适当拉大，用大小块面来表现石头的体块，使石头的硬度和立体感很强。

图4.29（a）　石头水景马克笔步骤 1（胡华中 作）

图4.29（b）　石头水景马克笔步骤 2（胡华中 作）

图4.29（c）　石头水景马克笔步骤 3（胡华中 作）

图4.29（d）　石头水景马克笔步骤 4（胡华中 作）

　　如图 4.29 所示，石头手绘作品对材质表现很到位，将石材的纹理、裂缝、小的孔隙、石头上的青苔等都表现得淋漓尽致。

如图 4.30～图 4.32 所示，石头水景手绘作品用笔流畅、潇洒，给人一种轻松感。画面中的线条看似随意，其实隐含着对色彩和形体结构的交代，将线条表现的多样性与统一性较好地结合起来了。马克笔上色大气，用笔触的连续叠加和扩展，产生了一种水彩画的效果，用笔自由灵活，依据不同材质的物体用不同的笔触，使水具有透明的特点，石头有硬度感，植物有生命力。

图4.30　石头水景空间线稿上色表现 3 (胡华中 作)

图4.31　石头水景空间线稿上色表现 4 (胡华中 作)

图4.32 石头水景空间线稿上色表现 5 (胡华中 作)

图4.33 石头水景空间线稿上色表现 6 (胡华中 作)

　　如图 4.33 所示,此幅手绘作品颜色统一,整体色调偏黄,营造初秋之意。流动的溪水用蓝色来表现,用修正液来画高光,使水面产生一种流动的感觉。

## 三、其他单体组合表现

　　练习单体组合是简单空练习的开始，是为表现复杂空间做准备。练习时注意植物的空间层次关系，线条的质感对比应明确。单体组合表现如图4.34～图4.41所示。

图4.34　景观小品线稿表现 1（胡华中 作）

图4.35　景观小品线稿表现 2（胡华中 作）

图4.36 景观亭线稿表现（胡华中 作）

　　如图4.36所示，此幅手绘作品有速写线条流畅的美感，有一气呵成之妙，构图主题突出，错落有致。

图4.37 景观亭线稿上色表现（胡华中 作）

图4.38 景观小品线稿上色表现 1（胡华中 作）

图4.39 景观小品线稿上色表现 2（胡华中 作）

图4.40　景观小品线稿上色表现 3（胡华中 作）

图4.41　景观小品线稿上色表现 4（胡华中 作）

　　如图 4.41 所示，此幅手绘作品线条简洁，马克笔运用潇洒，色彩概括明朗。

## 四、人物的画法

在设计手绘效果图中，人物是配景，只要画出概括的形态就可以。画好人物需要学习人体结构学和人体运动学。

人体比例通常以人的头部为单位测量身体各部位的长度，如人的上肢约为 3 个头长，下肢约为 3.5 个头长，肩的宽度约为 2 个头长。在起草时，也是以头的长度来确定全身的比例的。人们常说的"立七、坐五、蹲三"就是如此。人体中大的体块是指头、胸、臀和四肢几大块，其中胸部和臀部是最大的两块。人的脊椎的灵活性，使这两大块体积产生了多样的变化，掌握这两大块体积的活动规律是画好人体动态的关键。环境艺术设计效果图中人物分近景人物、中景人物、远景人物。人物的高度要依据视平线来决定。人物表现如图 4.42 和图 4.43 所示。

图4.42 人物表现 1（胡华中 作）

图4.43  人物表现 2（闫杰 作）

## 五、汽车的画法

　　汽车是建筑、景观设计手绘效果图中的配景，画的时候注意汽车与环境的比例。小轿车和大车一般是4个轮子，分布左右两侧，注意左、右车轮的透视关系。车的材质光亮，高光明显。汽车的色彩要根据环境来定，如大面积的绿色植物中，可是适当点缀红色的车，如在水景旁边的车可以画橙色或黄色的车。车的表现如图4.44和 图4.45所示。

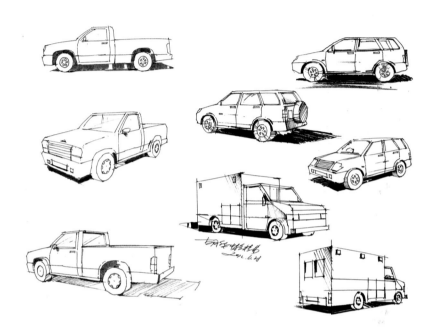

图4.44　汽车表现 1 (胡华中 作)

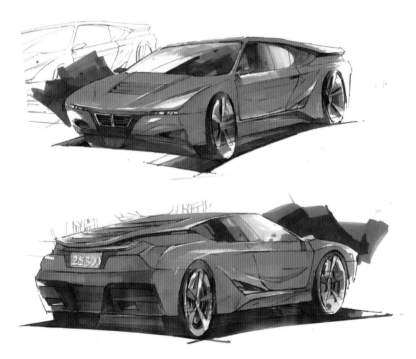

图4.45　汽车表现 2 (闫杰 作)

# 第二节　平面图、立面图和剖面图手绘表现

在园林景观设计中，方案阶段需要通过平面、立面、剖面综合表现设计师的设计构想，使设计方案更能直观地传达给客户。在培养徒手绘制平立剖的过程中，要注意线条表达、构图、比例、结构及绘制设计深化草图的能力，用不同的表现技法和表现形式，较好地表达景观环境设计的思想和意图。一般要求通过园林景观手绘专业的实例演练，能独立完成景观设计手绘全套方案（方案概念草图、平面图、立面图、剖面图及效果图）。在园林景观设计的深化扩初设计阶段还是会大量使用到手绘，这个阶段主要是通过手绘表现画一些工艺断面结构图、局部效果图。在国外，景观企业大多运用全徒手表现扩初设计，可以看得出景观设计行业对景观设计师的要求也越来越高，设计师不仅要懂画透视图，还要懂画彩平面布置图、立面图、剖面图，并且具备一定的综合艺术修养。平面图、立面图和剖面图手绘表现如图 4.46 ～图 4.55 所示。

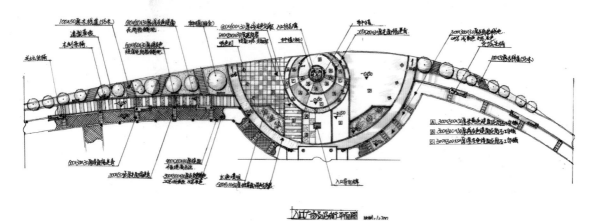

图4.46　某小区景观节点平面图 (闫杰 作)

图 4.46 所示，此幅平面上色作品色彩统一和谐，清新淡雅，各设计元素色彩纯度、明度控制得当。

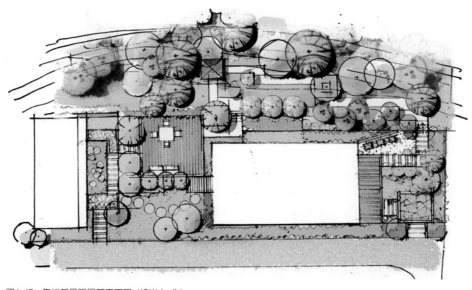

图4.47　售楼部景观局部平面图 (胡华中 作)

如图 4.47 所示，此幅景观平面图线稿画得很细腻，景观树颜色较突出些，与普通树形成对比，地面铺装上色统一，局部节点有点变化。

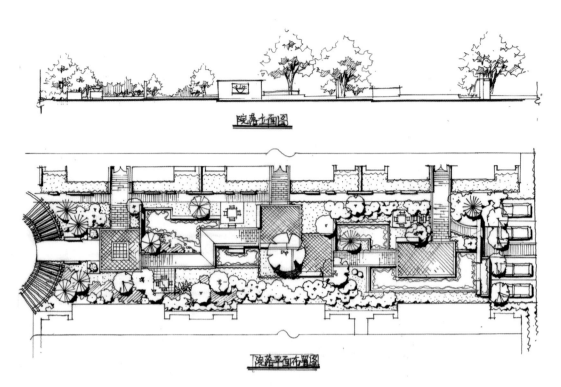

图4.48 小区平面和立面图 1（闫杰 作）

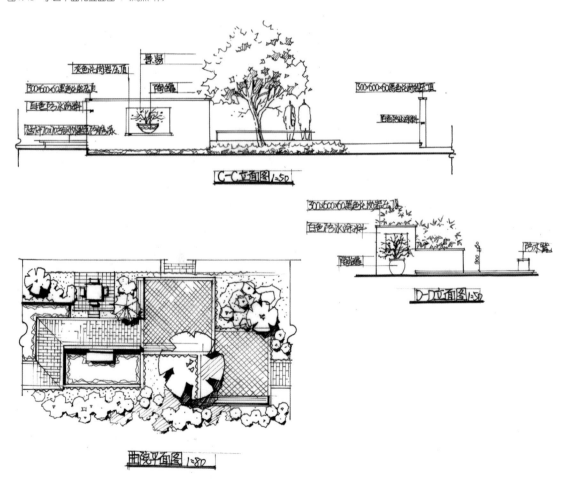

图4.49 小区平面和立面图 2（闫杰 作）

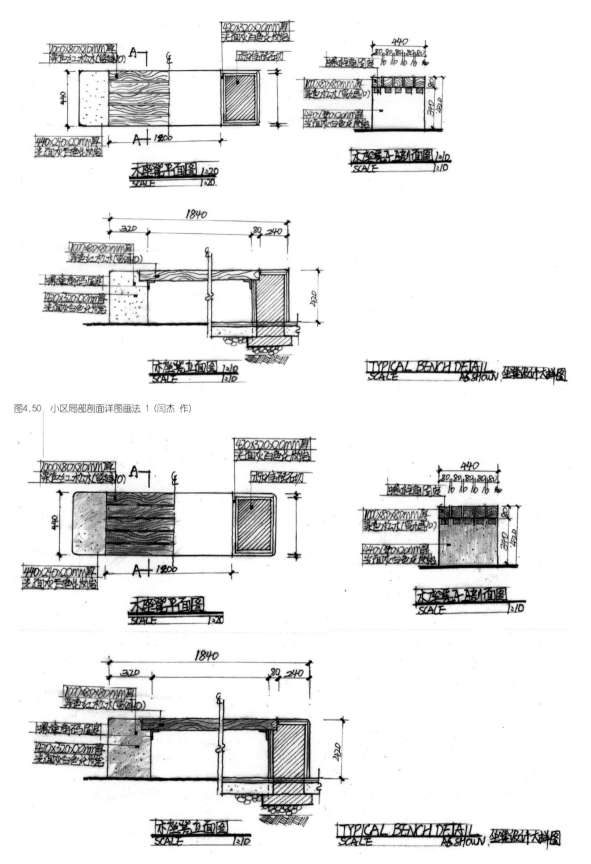

图4.50 小区局部剖面详图画法 1（闫杰 作）

图4.51 小区局部剖面详图画法 2（闫杰 作）

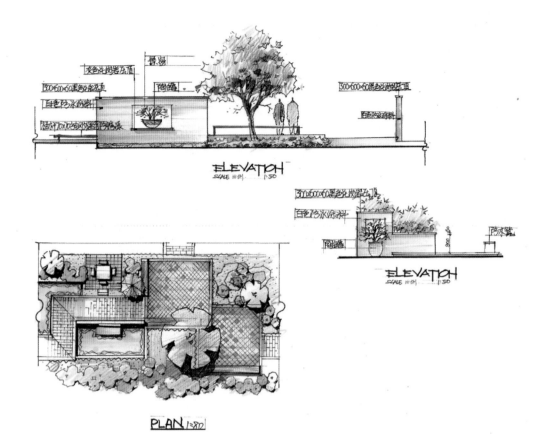

图4.52 小区局部剖面详图画法 3（闫杰 作）

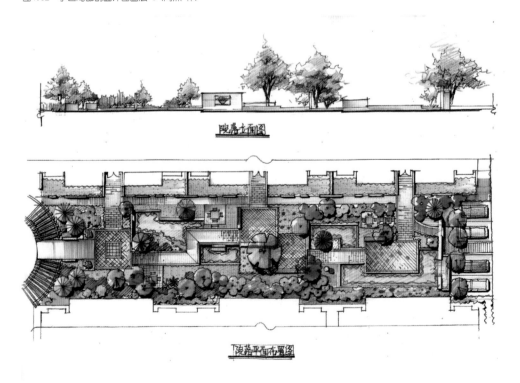

图4.53 小区局部剖面详图画法 4（闫杰 作）

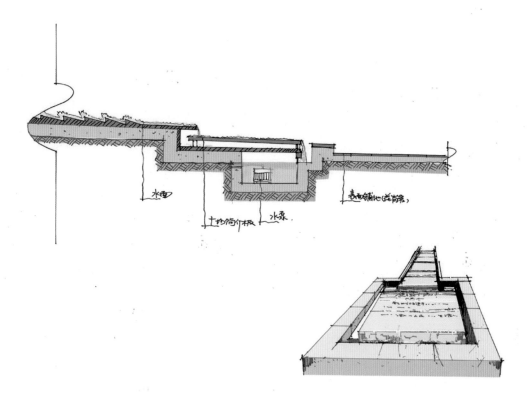

图4.54 局部剖面详图画法（胡华中 作）

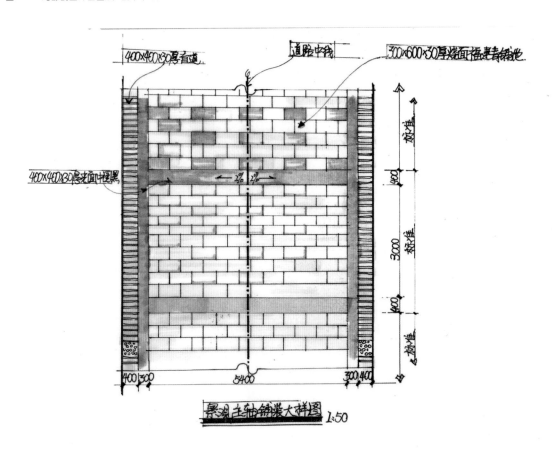

图4.55 小区铺装大样画法（闫杰 作）

# 第三节　建筑、园林景观空间表现

　　建筑设计是指建筑物还没有建造出来的前期构想，建筑设计师按照建筑的实用、美观、经济的原则，将建筑施工过程和使用过程中所存在的或可能发生的问题，事先做好通盘的设想，拟订好解决这些问题的办法、方案，用图纸和文件表达出来。最初建筑设计师都是用手绘草图的形式表现设计构思的。景观，无论在西方还是在中国，都是一个美丽而难以说清的概念：地理学家将景观作为一个科学名词，定义为一种地表景象，或综合自然地理区，或呈一种类型单位的通称，如城市景观、草原景观、森林景观等；艺术家将景观作为表现与再现的对象，等同于风景园林师将景观作为建筑物的配套或背景；生态学家将景观定义为生态系统或生态系统的系统；旅游学家将景观当作资源；更常见的是，景观被城市美化运动者和开发商等同于城市的街景立面、霓虹灯、房地产中的园林绿化和小品、喷泉叠水。景观设计的目的是改善人类生存环境，不断满足人们的生活需求，因此，景观设计需要注重以人为本、因地制宜、经济实用、绿色环保，只有这样景观设计才能在当下可持续发展。

## 一、别墅设计手绘方案

　　别墅因为其独特的建筑特点，设计区别于一般的居住空间。别墅设计不但要进行室内设计，而且要进行室外设计。别墅设计涵盖度假别墅、私家别墅、商务别墅。别墅设计的 5 个要素有：地段、地形、地貌、地脉；设计和质量；配套的兼容性；园林绿化；物业管理。别墅与一般居住空间不同，拥有相对独立的私家花园以及宽敞的居住空间。别墅设计手绘方案表现如图 4.56 ～图 4.76 所示。

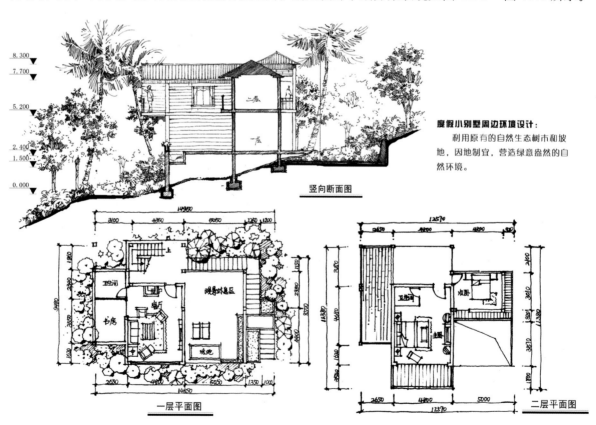

图4.56　别墅平面和立面设计表现（闫杰 作）

图4.57 别墅设计表现 1 (胡华中 作)

图4.58 别墅设计表现 2 (闫杰 作)

图4.59　别墅设计表现 3（胡华中 作）

图4.60　别墅设计表现 4（胡华中 作）

图4.61　别墅设计表现 5（胡华中 作）

图4.62　别墅设计表现 6（胡华中 作）

图4.63 别墅设计表现 7（桂林手绘特训营供稿）

图4.64 别墅设计表现 8（桂林手绘特训营供稿）

图4.65　别墅设计表现 9 (桂林手绘特训营供稿)

**度假小别墅露台设计:**

别墅结合露台设计，用各种自然材料来营造半封闭空间，露天的汤池、休闲市制平台，配有各类植物，使人能感受天休浴和阳光浴无穷魅力。

图4.66　别墅设计表现 10 (桂林手绘特训营供稿)

图4.67　别墅设计表现 11（桂林手绘特训营供稿）

图4.68　别墅设计表现 12（桂林手绘特训营供稿）

图4.69 别墅设计表现 13（桂林手绘特训营供稿）

图4.70 别墅设计表现 14（桂林手绘特训营供稿）

图4.71　别墅设计表现 15（胡华中 作）

图4.72　别墅设计表现 16（桂林手绘特训营供稿）

图4.73 别墅设计表现 17（胡华中 作）

图4.74 别墅设计表现 18（胡华中 作）

图4.75 别墅设计表现 19（闫杰 作）

图4.76 别墅设计表现 20（闫杰 作）

## 二、公共建筑手绘方案

　　建筑是人们用土、石、钢、玻璃、塑料、混凝土等一切可以利用的材料建造的构筑物。常见的公共建筑结构有砖混结构、钢筋混凝土结构、钢结构等。建筑作为功能的实体，所形成的"空间"与人们的工作和生活等息息相关。公共建筑包含办公建筑（包括写字楼、政府部门办公室等）、商业建筑（如商场、金融建筑等）、旅游建筑（如酒店、娱乐场所等）、科教文卫建筑（包括文化、教育、科研、医疗、体育建筑等）、通信建筑（如邮电、通讯、广播用房），以及交通运输类建筑（如机场、高铁站、车站等）。公共建筑手绘方案表现如图4.77～图4.91所示。

图4.77　公共建筑设计表现 1（胡华中 作）

图4.78　公共建筑设计表现 2（胡华中 作）

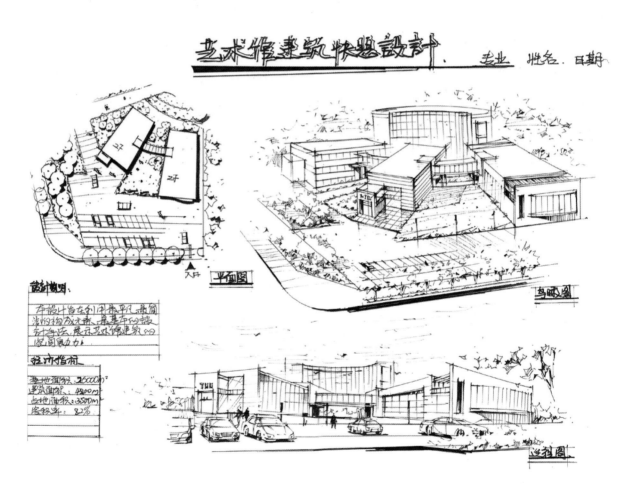

图4.79　公共建筑设计表现 3（闫杰 作）

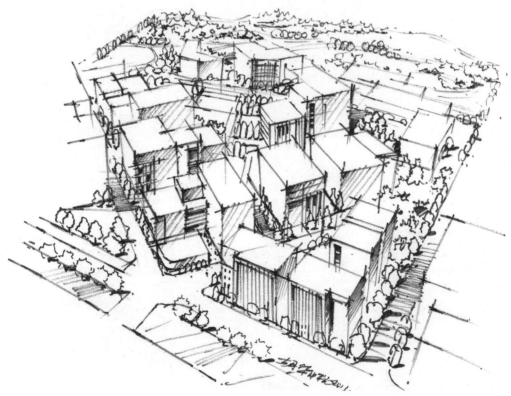

图4.80 公共建筑设计表现 4 (胡华中 作)

图4.81　公共建筑设计表现 5（闫杰 作）

图4.82　公共建筑设计表现 6（胡华中 作）

图4.83　公共建筑设计表现 7（胡华中 作）

　　如图 4.81 ～图 4.83 所示，这几幅手绘作品巧妙地运用了补色，使得冷色不那么生硬，暖色不那么燥，笔触章法统一，色彩明亮、透气。

图4.84 公共建筑设计表现 8（胡华中 作）

图4.85 公共建筑设计表现 9（胡华中 作）

图4.86 公共建筑设计表现 10（胡华中 作）

　　如图 4.84～图 4.86 所示，这几幅作品色彩丰富，色彩的纯度把握很好，虽然色彩对比强烈，但是主色与辅色的面积对比合适，所以颜色再多也不显得花。

图4.87 公共建筑设计表现 11（胡华中 闫杰 作）

图4.88 公共建筑设计表现 12（胡华中 作）

如图 4.88 所示，此幅建筑快题手绘作品体现了快速设计的特点，从平面到立体的训练是练习空间表达的重点，也是培养设计师创造能力和空间逻辑性的重要途径。

图4.89 公共建筑设计表现 13（胡华中 作）

如图 4.89 所示，此幅建筑手绘作品有水彩晕染效果，用水溶性彩色铅笔先轻轻地涂在素描纸上，然后用小毛笔蘸水来溶解。

图4.90　公共建筑设计表现 14 (胡华中 作)

图4.91　公共建筑设计表现 15 (闫杰 作)

　　如图 4.91 所示，此幅建筑手绘作品体现了草图的特色——快，线条潇洒、流畅，体现了设计师的自信。马克笔上色笔触多变，具有强烈的动感。

## 三、居住区园林景观设计手绘方案

居住区园林景观设计包括对基地自然状况的研究和利用，对空间关系的处理和发挥，与居住小区整体风格的融合和协调，包括道路布置、水景组织、路面铺砌、照明设计、小品设计、公共设施处理等。这些方面既有功能意义，又涉及视觉和心理感受。在进行园林景观设计时，应注意整体性、实用性、艺术性、趣味性的结合。居住区园林景观设计手绘如图 4.92～图 4.115 所示。

如图 4.92 所示，此幅平面图色彩明快，以黄绿色为主，局部点缀些红色和紫色。考虑到小区的建筑形式是新中式特点，所以地面铺装色彩清淡、雅致。

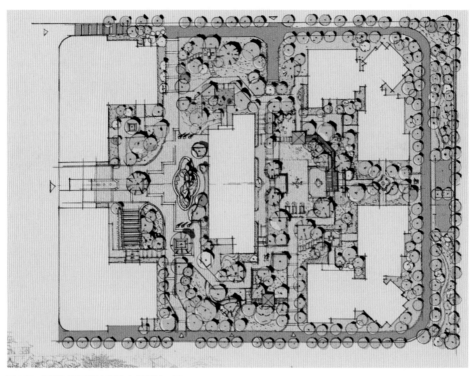

图4.92 居住区平面设计表现 1（胡华中 作）

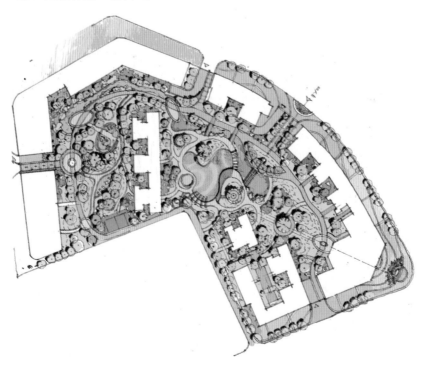

图4.93 居住区平面设计表现 2（胡华中 作）

图4.94 居住区设计表现 1 (闫杰 作)

图4.95 居住区设计表现 2 (胡华中 作)

131

图4.96 居住区设计表现 3（闫杰 作）

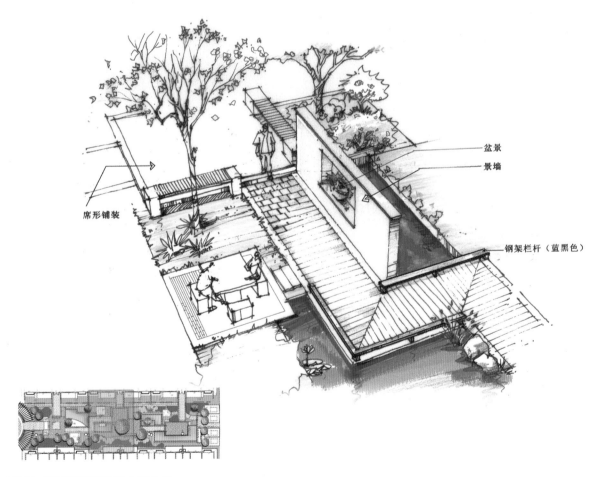

盆景

景墙

钢架栏杆（蓝黑色）

席形铺装

图4.97 居住区局部俯视表现 4（闫杰 作）

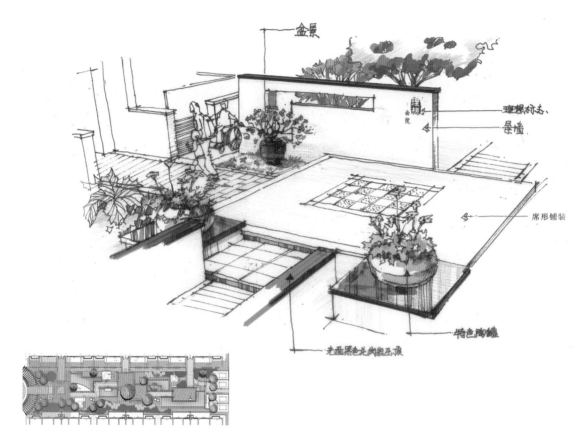

图4.98　居住区设计表现 5（闫杰 作）

2#-4#院落效果图

图4.99　居住区设计表现 6（闫杰 作）

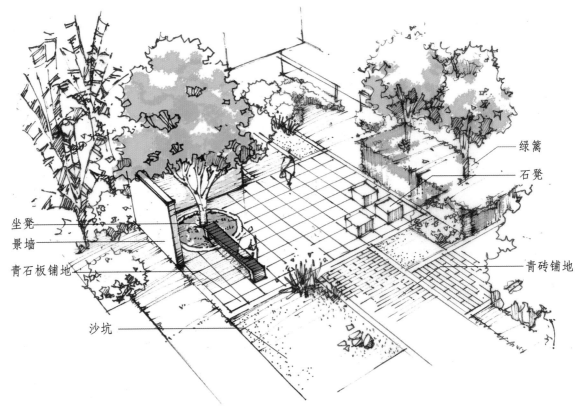

坐凳
景墙
青石板铺地

沙坑

绿篱
石凳

青砖铺地

图4.100　居住区设计表现 7 (闫杰 作)

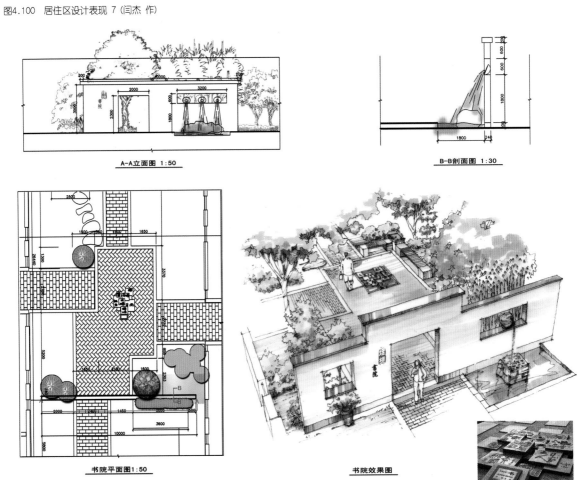

A-A立面图 1:50

B-B剖面图 1:30

书院平面图1:50

书院效果图

图4.101　居住区设计表现 8 (闫杰 作)

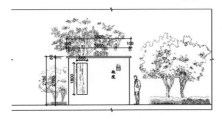

A-A立面图1:50

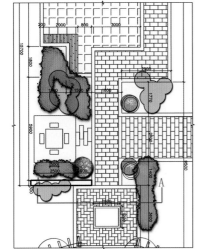

趣园局部平面图1:50

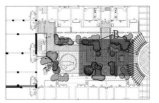

B点透视图

趣园平面图

图4.102 居住区设计表现 9 (闫杰 作)

图4.103 居住区设计表现 10 (胡华中 作)

　　如图 4.103 所示,此幅作品色彩冷暖对比强烈,大量地使用了补色,用色大胆,色彩丰富又不失统一。

图4.104 居住区设计表现 11（胡华中 作）

图4.105 居住区设计表现 12（胡华中 作）

图4.106 居住区设计表现 13 (胡华中 作)

图4.107 居住区设计表现 14 (沃尔特斯环境设计有限公司供稿)

图4.108 居住区设计表现 15（沃尔特斯环境设计有限公司供稿）

图4.109 居住区设计表现 16（沃尔特斯环境设计有限公司供稿）

图4.110　居住区设计表现 17（沃尔特斯环境设计有限公司供稿）

图4.111　居住区设计表现 18（沃尔特斯环境设计有限公司供稿）

图4.112　居住区设计表现 19 (沃尔特斯环境设计有限公司供稿)

图4.113　居住区设计表现 20 (沃尔特斯环境设计有限公司供稿)

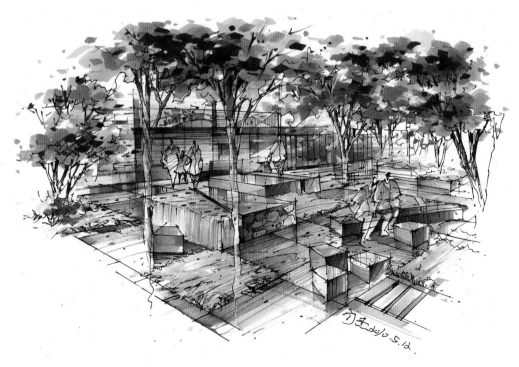

图4.114　居住区设计表现 21 (沃尔特斯环境设计有限公司供稿)

　　如图 4.114 所示，此幅作品用笔流畅、潇洒，带有草图所特有的轻松、自然的感觉，画面色彩关系微妙，清新淡雅。

建筑·园林·室内设计手绘效果图技法 (第 2 版)

图4.115 居住区设计表现 22（沃尔特斯环境设计有限公司供稿）

如图 4.115 所示，此幅作品色彩统一，暗部大面积地使用蓝灰色，因此暗部特别透气。亮部用与暗部颜色反差较大的黄绿色，形成强烈的冷暖对比，使画面阳光感充足。在画面中点缀小面积的红色来丰富画面的色彩和气氛。

## 四、广场设计手绘方案

城市广场分为市政广场和市民广场。市政广场强调对称、大气、庄重，这种广场常常和市政大楼结合一体；市民广场的强调亲和力，是城市居民生活娱乐的中心，是城市的重要组成部分，也是人流量大、车流集散的场所。市政广场和市民广场被誉为"城市的名片"。在设计前期，需要了解广场规划设计方面的基本要素，注重地形、植物、小品、游乐设施等空间的塑造，把人物加入到场景中，会使整个画面充满生机，而不仅仅是冷硬的铺装。广场设计手绘如图 4.116～图 4.118 所示。

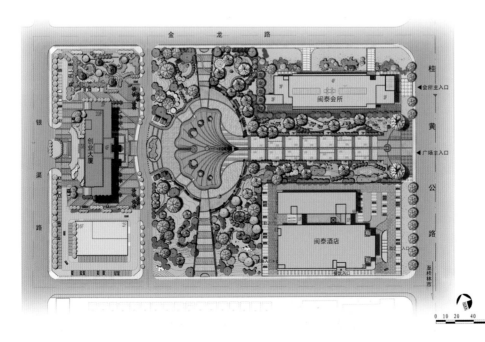

图4.116 广场平面设计表现（李为兵 作）

图4.117 广场空间表现 1（闫杰 作）

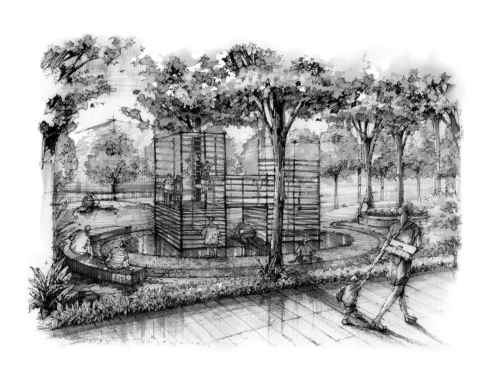

图4.118 广场空间表现 2（闫杰 作）

建筑·园林·室内设计手绘效果图技法（第2版）

# 五、景区规划手绘方案

景区规划设计中应以人文本，从人的需要、兴趣出发，注意规划空间与自然环境的和谐优美，满足人们的视觉和触觉的体验。进行景区规划时应注意：景区道路设计应是一个环状道路网，四通八达，游客可以随自己意愿游遍整个景区；景区设计功能布局必须与周围自然风景相和谐，尽可能减少对自然和古迹的破坏；尽量设计出可连续的景观，并适宜地设置休憩场所；在人们游玩的过程中，给人美好的体验，让人参与其中；景区规划手绘表现尽可能体现生态，富有亲和力的视觉效果。景区规划手绘方案如图 4.119 ~ 图 132 所示。

用马克笔在复印纸上直接上色，比起在硫酸纸上色效果更加明快，但是马克笔触比较难把握，容易画花，所以笔触要组团，形成大块面和小块面，如图 4.119 所示。

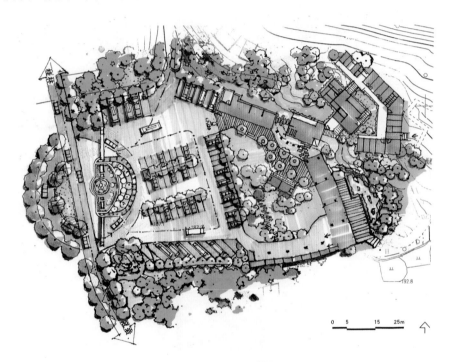

图4.119 景区入口设计表现 1（沃尔特斯环境设计有限公司供稿）

图4.120 景区入口设计表现 2（沃尔特斯环境设计有限公司供稿）

用 Photoshop 在手绘线稿上上色，相对马克笔和水彩着色速度较快，可选择颜色较多，颜色的透明度和深浅特别好把握，如果画错了还可以返回，如图 4.121 所示。

入口建筑风貌概念设计：
　　主体建筑适应园林设计的需要，采用主体建筑均辅以连廊相连的形式。建筑造型充分体现乡土性与时代感相结合的特征，采用纯净通透的玻璃体与市材贴面墙穿插组合，体现建筑的现代、通透、韵律感以及现代园林建筑的环境表现。空间形体上，采用连廊曲折的连接，动静结合高低错落的形式。地面铺装刻有广西华山岩壁画上的小红人图案，给人以热闹欢快的感觉。

图4.121　景区人口设计表现 3 (沃尔特斯环境设计有限公司供稿)

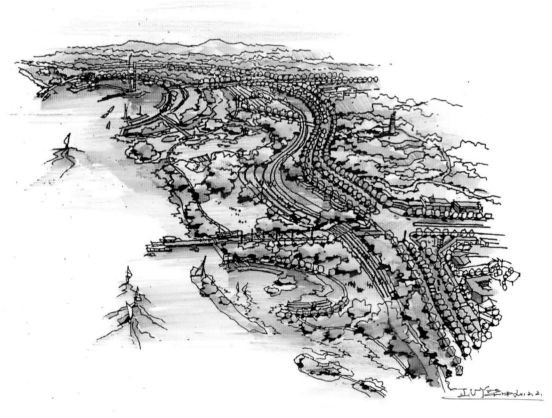

图4.122　景区规划鸟瞰设计表现 (胡华中 作)

图4.123 景区建筑表现 1（胡华中 闫杰 作）

图4.124 景区建筑表现 2（胡华中 作）

图4.125 景区设计表现 1（胡华中 作）

图4.126 景区设计表现 2（闫杰 作）

马克笔笔触多变，可通过色块的叠加，使颜色能很好地溶解到一起，富有水彩画的效果。

图4.127　景区设计表现 3（胡华中 作）

　　如图 4.127 所示，此幅作品用笔潇洒、帅气，通过线条的叠加来强化物体表面的质感和空间的明暗关系，使空间的层次更加丰富。

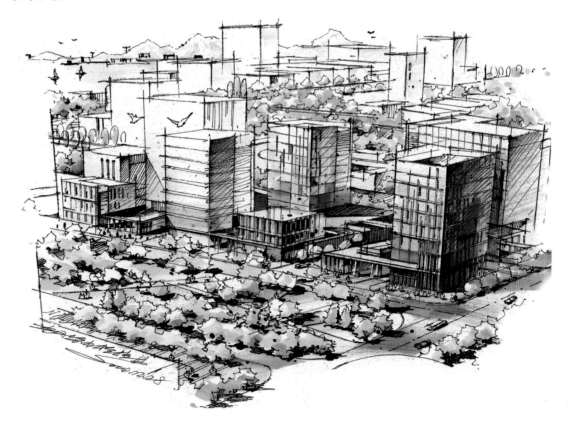

图4.128　景观俯视设计表现（胡华中 闫杰 作）

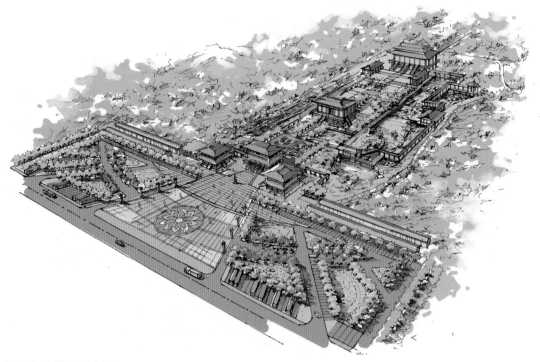

图4.129 佛教景区设计表现 1（沃尔特斯环境设计有限公司供稿）

　　如图 4.129 所示，此幅景观俯视手绘作品空间感很强，用透视规律很好地表现了园林景观的进深，植物色彩从近处向远处逐渐变冷，近处植物偏黄，远处植物偏青，使得空间自然延伸。

图4.130 佛教景区设计表现 2（沃尔特斯环境设计有限公司供稿）

　　如图 4.130 所示，此幅作品暗部用冷灰色，亮部用黄色或黄绿色，这样冷暖的强烈对比很好地表现了室外园林空间的阳光感。

图4.131　佛教景区设计表现 3（沃尔特斯环境设计有限公司供稿）

图4.132　佛教景区设计表现 4（沃尔特斯环境设计有限公司供稿）

# 本章小结

　　本章从建筑、园林景观配景入手，详细讲解了各种植物、石头水景、园林建筑、别墅建筑、高层现代建筑等线描画法和上色。初学者重在理解空间比例把握和色彩设计原理及施色方法，需要在掌握理论技巧的同时做大量的手绘练习。

# 习　　题

1. 学习室外设计手绘的意义和价值。
2. 绘制植物 50 组。
3. 绘制石头水景 10 组。
4. 绘制室外平面图 5 幅。
5. 绘制室外空间图 30 幅。